바쁜 현대인을 위한 최적의 식물 재배법

도시농부를 위한 수경재배

바쁜 현대인을 위한 최적의 식물 재배법

도시농부를 위한 수경재배

초판 인쇄일 2019년 2월 20일
초판 발행일 2019년 2월 27일
2쇄 발행일 2020년 11월 23일
3쇄 발행일 2022년 5월 6일

지은이 박영기
발행인 박정모
등록번호 제9-295호
발행처 도서출판 혜지원
주소 (10881) 경기도 파주시 회동길 445-4(문발동 638) 302호
전화 031)955-9221~5 팩스 031)955-9220
홈페이지 www.hyejiwon.co.kr

기획 · 진행 박민혁
디자인 전은지
영업마케팅 황대일, 서지영
ISBN 978-89-8379-984-5
정가 16,000원

이 도서의 국립중앙도서관 출판예정도서목록(CIP)은 서지정보유통지원시스템 홈페이지(http://seoji.nl.go.kr)와
국가자료공동목록시스템(http://www.nl.go.kr/kolisnet)에서 이용하실 수 있습니다.(CIP제어번호 : CIP2019005220)

바쁜 현대인을 위한 최적의 식물 재배법

도시농부를 위한 수경재배

박영기 지음

혜지원

머리말

저는 경기도 수원시에서 살다가 2008년에 서울시 성북구 길음2동으로 이사하여 2층은 살림집으로 쓰고 1층은 '과수원 과학 교습소'를 열어 2014년 초까지 운영했습니다. 교습소 입구에 작은 공간이 있었는데 아내가 채소를 기르고 싶어 하여 상추를 비롯한 잎채소와 딸기를 심었습니다. 교습소 앞이라 학생들이 좋아할 것 같은 꽃들도 심었습니다. 딸기는 꽃이 핀 후 열매가 맺히다가 말라 죽더군요. 열매는 말라 죽지만 꽃은 꿋꿋이 피길래 이 딸기는 관상용인가보다 생각했습니다. 잎채소는 집 앞에서 키우다 보니 필요할 때 가위와 바구니를 들고 쪼르륵 내려와 잘라서 식탁에 올릴 수 있었습니다.

이렇게 키우는 데에 가장 큰 문제는 화단에 쓰레기가 들어오는 것이었습니다. 담배꽁초, 플라스틱 통 등 바람에 날리지 않는 것은 분명히 누군가가 버린 것일테고, 비닐봉지와 같이 바람에 잘 날리는 것은 바람에 밀려와 들어왔습니다. 옆집 담이 돌출되어 있어 바람이 불면 우리집 앞에 소용돌이가 생기면서 바람에 날리는 쓰레기가 쌓였습니다. 그리고 주차난이 심한 동네라 차들이 주차하기 위해 후진하거나 위태하게 피해가는 일로 인해 화단이 조금씩 부서졌습니다. 이렇게 되어 이사 왔을 때에 집 앞을 꾸며 보자던 마음이 어두워졌습니다.

2011년 봄에 교습소 문 바로 옆에 작은 화단을 만들고 예쁜 꽃나무 세 그루를 사서 심었습니다. 다음날 보니 두 그루를 누군가 뽑아 갔습니다. 꽃나무까지 뽑아 가는 사람도 다 있다고 생각했는데, 며칠 후 나머지 한 그루도 없어졌습니다. 여름 장마를 지나면서 꽃에 대한 생각도, 가져간 사람에 대한 생각도 다 씻겨 갔습니다. 다행히 감고 올라가는 식물이 남아 있어 식물이 잘 타고 올라가라고 알루미늄 막대를 박아 두었는데, 빼 갔습니다. 빗물 내려오는 곳에 물이 튀어서 고추장 철통 큰 것을 받쳐 두었는데, 없어졌습니다. 우리 집 철문까지 가져가지 않았으면 좋겠다는 우스운 생각을 해 보았습니다. 이런 이야기도 재개발의 거센 바람 앞에 모두 사라지고 말았습니다. 저는 지금 서울시 강북구로 이사 와서 살고 있습니다. 강력한 외부 환경의 변화로 인해 피해를 준 사람도 피해를 입은 사람도 다 흩어지고 이제 그 이야기는 잊힌 전설같이 되어 버렸습니다.

이런 일을 겪었을 때 실내에서 식물을 키우는 것을 생각하게 되었습니다. 그러다가 수경재배에 대해서도 알게 되었고, 열무를 양액으로 키워 보니 잘 자랐습니다. 이후 2012년에 상추와 고추를 양액으로 길러서 먹어 보기도 하면서 양액으로 키우면 식물이 잘 자란다는 것을 확인하고 점점 수경재배를 가까이 하게 되었습니다. 저는 이렇게 집 밖에서는 식물을 키울 수 없는 환경 때문에 수경재배를 접하게 되었습니다.

이 책은 저와는 다른 이유일 수도 있겠지만 흙을 사용하지 않고 집에서 채소를 길러 먹거나 화초를 기르고 싶은 분들을 위해 쓰게 되었습니다. 수경재배법을 사용하여 전문적으로 식물을 기르고 싶은 분은 식물공장에 관한 두꺼운 책들이 있으니 그러한 책으로 공부하시기 바랍니다. 수경재배의 기본적인 원리는 같지만 응용에 있어 접근이 다르기 때문에 이 책의 내용과 사뭇 다른 점이 많습니다. 한 예로, 겨울에 실내에서 기르는 트리안에 진딧물이 무척 많이 생겼는데, 햇빛이 잘 드는 낮에 창문을 열어 놓았던 적이 있습니다. 저녁에 깜짝 놀라 창문을 닫았는데, 다음날 보니 트리안은 멀쩡하고 진딧물이 거짓말처럼 없어진 적이 있었습니다. 찬 공기 때문에 진딧물이 죽은 것 같습니다. 수경재배로 집에서 식물을 키우는 것은 이처럼 대량으로 키우는 전문적인 농사와는 다른 세계입니다. 그만큼 연구할 것이 많습니다. 연구기관에서 집에서 식물 키우는 것은 별로 연구하지 않기 때문입니다. 연구기관에서 하지 않는다면 우리 스스로가 해야겠지요.

집이나 사무실에서 소소하게 수경재배를 원하는 분들, 특히 환자나 어린 자녀에게 안전한 먹거리를 제공하고 싶은 분에게 이 책이 도움이 되기를 바랍니다. 도시농업 활동을 하다 보니 텃밭이 없어서 활동하기 어렵다는 말을 자주 듣습니다. 제가 활동하는 서울시 성북구도 마찬가지입니다. 수경재배는 흙 없이 식물을 키울 수 있는 방법이라 토양이 부족한 도시에 더욱 요긴하게 쓰일 수 있는 방법입니다. 저는 이것을 '도시농부를 위한 수경재배'라고 부르고 싶습니다. 각 지역의 농업기술센터에서 도시농부를 위한 수경재배 강의를 열어 텃밭이 부족한 도시에서 수경재배가 노지재배와 더불어 도시농업의 튼튼한 기둥이 되기를 기대합니다.

입문자를 위한 기초적인 쉬운 내용을 앞쪽에 두었고, 뒤쪽의 깊이 있는 내용은 식물을 기르는 동안 읽거나 수경재배를 강의하는 분에게 도움이 되도록 작성했습니다. 수경재배의 원리와 재배 경험을 바탕으로 나만의 재배기를 만들 수 있도록 도와주는 내용도 포함하였으니, 제가 소개한 내용으로 자극받아 더 훌륭한 재배기와 재배법을 발전시켜 보시기 바랍니다.

2019년 1월
서울시 강북구에서 박영기

저자 블로그: http://blog.daum.net/st4008

CONTENTS **차례**

1 수경재배와의 만남

2 일단 시작해 보자

3

간단한 수경재배기 만들기

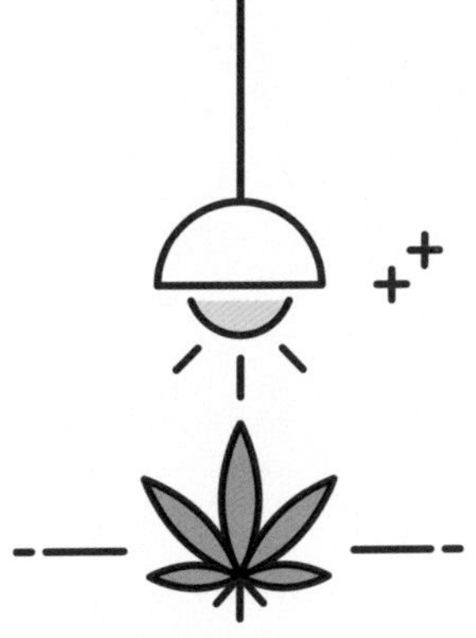

4

키우기의 실제와 환경

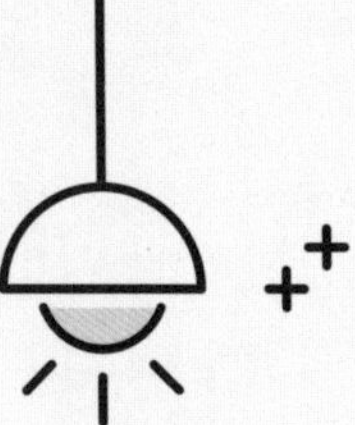

5
좀 더 자세히

참고 문헌

1장 수경재배와의 만남

물에 식물을 꽂아서 키우는 경우가 있습니다. 그러나 그런 방식은 뿌리를 물에 담가도 문제가 없는 식물만 키울 수 있고, 물에 영양이 적기 때문에 주로 빨리 자라지 않는 관상용의 식물을 키우기에 적합합니다. 이것을 보고 수경재배를 물에 식물을 꽂아서 키우는 원예 정도로 생각하시는 분도 계시는데, 수경재배 혹은 양액재배는 이보다 훨씬 범위가 넓습니다. 간단히 말한다면, 흙 없이 물에 영양을 타서 식물을 키우는 모든 방식을 수경재배 또는 양액재배라고 합니다. 양액에 그대로 키우는 방법도 있고, 양액을 뿌려 주는 방법도 있으며, 배지에 양액을 스며들게 하는 방법도 있습니다. 그래서 그냥 물에 키우는 것과 혼동을 피하기 위해서 전문 서적에서는 '양액재배'라는 말을 쓰는데, 일반적으로 '수경재배'라는 말을 더 많이 사용하므로 여기서도 '수경재배'라 부르도록 하겠습니다.

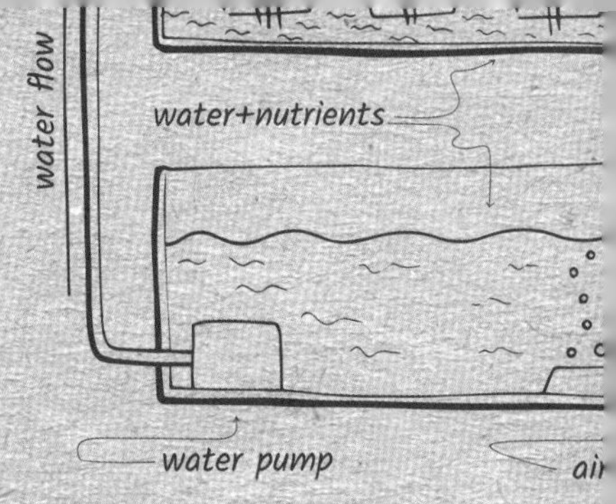

1. 식물은 어떻게 살고 자라는가?
2. 수경재배의 원리
3. 수경재배의 방식
4. 수경재배의 장단점

1 식물은 어떻게 살고 자라는가?

생물체로 살아간다는 것에 대해 생각해 봅시다. 생물체는 물질로 된 몸을 가지고 있으며, 이를 유지하기 위해 끊임없이 물질을 얻고 버리는 과정을 하게 됩니다. 몸에 필요한 새로운 물질을 만들고 배출하기 위해 물질을 분해하거나 합성하기도 합니다. 녹색식물의 경우 외부로부터 얻어온 물질에서 몸에 필요한 물질을 합성하는 과정에 빛 에너지를 이용합니다. 빛을 이용해서 물질을 만든다고 해서 광합성이라 하지요. 이런 복잡한 활동은 한마디로 화학 반응이라고 할 수 있습니다. 화학 반응을 원활히 하기 위해서는 효소가 작용해야 하고, 효소가 제대로 작용하기 위해서는 적당한 온도가 필요합니다. 식물이 너무 덥거나 추운 곳에서 제대로 살 수 없는 것은 효소 활동이 제대로 되지 못해서입니다. 효소가 제대로 활동하지 못하면 화학 반응이 제대로 일어나지 않고, 고장난 엔진처럼 털털거리다 꺼지게 됩니다. 화학 반응이 정지되는 것은 곧 생명 활동이 정지되는 것이고, 이는 죽음을 의미합니다.

1. 에너지 만들기

우리 주변에는 전기 에너지, 빛 에너지, 열 에너지, 화학 에너지 등 많은 에너지가 있지만 지구상의 모두 에너지는 크게 두 가지로 분류할 수 있습니다. 하나는 지구 외부에서 온 에너지인 '태양 에너지'이고 또 하나는 지구가 지니고 있는 에너지인 '지구 내부 에너지'입니다. 지열을 이용하거나 방사성 물질을 이용하는 몇 가지 외에 우리가 쓰는 에너지는 거의 태양으로부터 온 것입니다. 수력 발전으로 전기를 만드는 것도 결국 태양 에너지에 의한 기상 현상으로 비가 내려서 생기는 물을 이용한 것이고, 화석 에너지도 오래 전에 태양 에너지를 이용하여 자랐던 식물과 그 식물에 의존했던 동물들의 유해로 만들어진 것입니다.

녹색식물은 세포 안의 엽록체에서 태양 에너지를 이용하여 광합성을 하며, 이렇게 생성된 산물을 생체 에너지의 연료로 사용합니다.

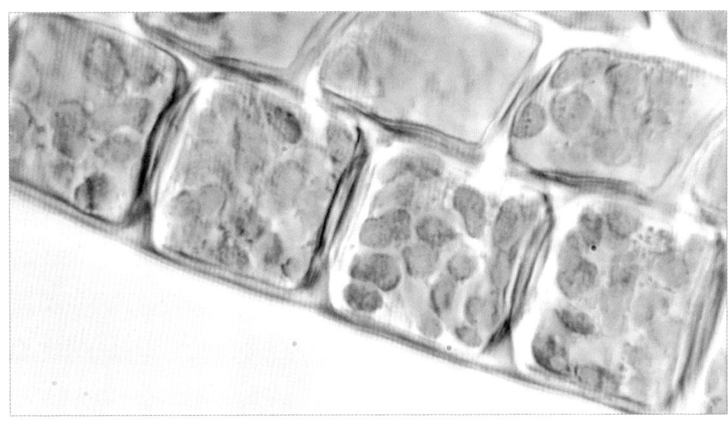

그림 1-1
이끼의 엽록체를 100배 확대한 사진. 세포 안에 보이는 초록색 알갱이가 엽록체이다.

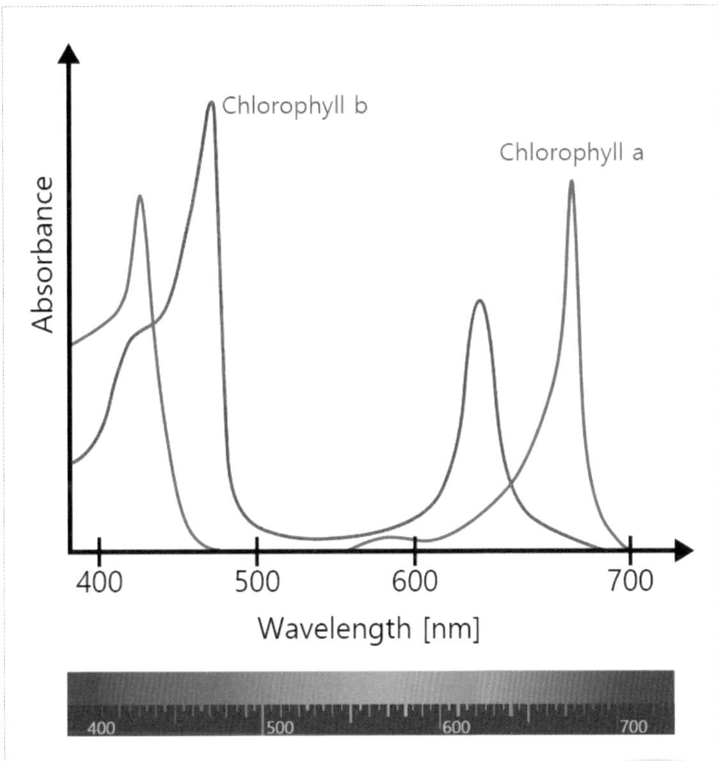

그림 1-2
엽록소a(파란색 선)와 엽록소b(빨간색 선)의 흡수 스펙트럼. 대체로 파장이 450nm인 파란색과 650nm인 빨간색에서 많은 빛을 흡수한다. 녹색은 거의 사용하지 않고 반사하거나 투과하기 때문에 잎의 색깔이 녹색을 띤다.

태양 에너지는 전자기 복사 에너지인데, 엽록체 내의 엽록소(chlorophyll)와 같은 색소가 가시광선을 받으면 색소의 전자가 들떠서 화학 반응을 일으킵니다. 엽록소는 여러 가지 종류가 있는데, 엽록소a는 광합성을 하는 모든 식물에 들어 있고, 엽록소b는 육상식물과 녹조류 등에 들어 있습니다. 그러므로 식물이 잘 자라기 위해서는 엽록소a와 엽록소b가 잘 활동하도록 조건을 맞추어 줄 필요가 있습니다. 가시광선은 R(red; 빨간색), G(green; 초록색), B(blue; 파란색)의 세 가지 색을 기본으로 하는데, 이 세 가지 빛이 조합이 되어 여러 가지 색깔의 빛을 만들어 냅니다. 엽록소는 녹색을 반사하고 파장이 450nm 부근인 파란색의 빛과 650nm 부근인 빨간색 빛을 흡수하여 화학 반응을 일으킵니다. 카로티노이드(carotenoid)와 같은 보조 색소들은 엽록소가 흡수하지 못하는 파장의 빛을 흡수하여 엽록소의 기능을 보조하거나 과도한 빛으로부터 엽록소를 보호합니다.

그림 1-3
잎의 단면. 위쪽이 잎의 앞쪽이다. 대부분의 식물은 잎의 앞쪽에 세포들이 세로로 빽빽하게 서 있다. 모양이 울타리 같다하여 책상조직(柵狀組織)이라 한다. 햇빛이 이쪽으로 들어오기 때문에 엽록체가 많이 분포한다. 아래쪽은 스펀지처럼 느슨하게 되어 있는 것이 바닷속의 해면동물 같다하여 해면조직(海綿組織)이라 한다.

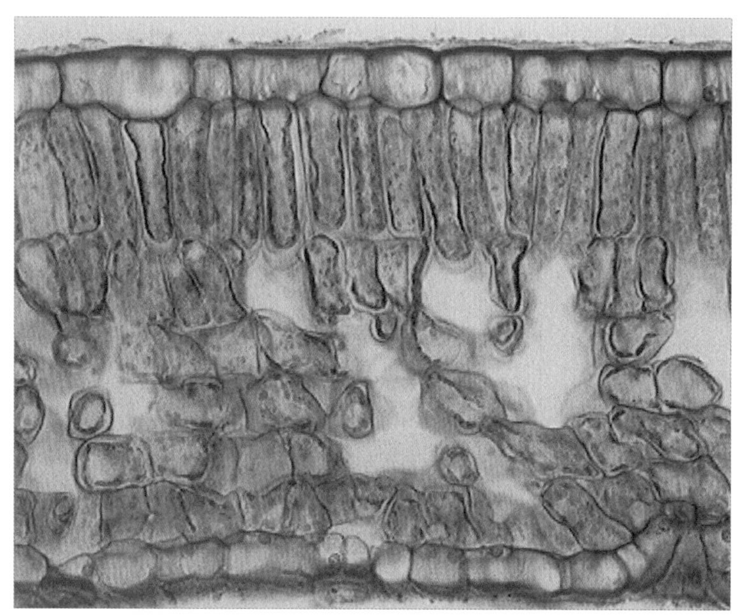

광합성은 주로 식물의 잎에서 일어나는데, 잎의 단면을 보면 앞면은 책상조직이 발달해 있고, 뒷면은 해면조직이 발달해 있습니다. 대부분의 식물은 잎의 앞면에 있는 책상조직이 햇빛을 많이 받는 곳이므로 광합성을 위해 엽록체의 밀도가 높습니다. 파와 같이 잎이 기둥 모양인 식물은 잎의 앞뒤가 따로 없어 단면을 봐도 책상조직과 해면조직의 구분이 없습니다.

식물이 광합성을 하면 주로 탄수화물인 포도당이 생성되기 때문에 광합성을 나타내는 반응식은 다음과 같이 표현합니다.

$$6CO_2 + 12H_2O \xrightarrow{\text{빛 에너지}} C_6H_{12}O_6 + 6O_2 + 6H_2O$$

광합성에 영향을 미치는 요소로는 빛(파장과 세기), 이산화 탄소의 농도, 온도 세 가지가 있습니다. 이산화탄소(CO_2)는 포도당의 탄소(C)를 제공합니다. 물은 쪼개져서 수소(H)는 포도당을 만드는 데 쓰이고 산소(O)는 밖으로 내놓습니다.

광합성 과정에서 생긴 과잉의 산소와 물은 잎에서 증산 작용을 통해 공기 중으로 내보내집니다. 포도당과 산소는 지구상의 동물이 살아가는 원천이 되고, 증산 작용으로 내보내지는 수증기는 기후에 영향을 줍니다. 그만큼 식물이 지구의 생태계에 끼치는 영향이 크다는 말이지요. 광합성으로 만들어진 당분은 다른 유기 화합물을 만드는 데에 쓰이기도 하고, 세포 호흡의 연료로 사용되어 생장에 필요한 에너지를 얻는 데에 쓰이기도 합니다. 생장에 필요한 에너지를 얻는 과정은 위 수식의 반대 방향이라고 보면 됩니다. 이와 같이 식물체 속의 당분은 식물이 생명활동을 하는 데 필요한 연료이며, 동물은 연료를 다른 생물체에서 얻지만 녹색식물은 스스로 만든다는 것에 큰 차이가 있습니다.

2. 식물의 몸 만들기

세포를 구성하는 원소는 탄소(C), 산소(O), 수소(H), 질소(N)가 가장 많습니다. 식물을 이루고 있는 원소만 보아도 탄소 약 45%, 산소 약 42%, 수소 약 5%, 질소 약 1~2%와 나머지 소량의 원소로 되어 있습니다. 식물의 몸이 이러한 원소로 되어 있으므로 식물이 필요로 하는 원소들도 같은 구성일 것입니다.

한편, 우주를 구성하는 원소의 99% 이상이 수소(H), 산소(O), 탄소(C), 질소(N), 헬륨(He), 네온(Ne)의 6가지 원소이며, 비활성기체인 헬륨과 네온을 제외한 4가지 원소는 세포를 구성하는 가장 많은 원소임을 알 수 있습니다. 불활성기체인 헬륨과 네온은 화학 반응을 잘 하지 않기 때문에 생물의 몸을 이루는 데에 사용되지 않습니다.

식물이 필요로 하는 원소는 1860년대에 탄소(C), 산소(O), 수소(H), 질소(N), 인(P), 칼륨(K), 칼슘(Ca), 마그네슘(Mg), 황(S), 철(Fe)의 10개 원소가 밝혀졌습니다. 오늘날은 추가로 염소(Cl), 붕소(B), 망간(Mn), 아연(Zn), 구리(Cu), 몰리브덴(Mo)이 포함되어 16개 원소가 알려져 있습니다.

그러면 식물은 필요한 원소를 어떻게 얻을까요? 철분이 부족하여 빈혈에 걸린 사람이 철분을 보충하려고 쇳조각을 먹지는 않고, 식물에 질소가 부족하다고 쇠고기를 썰어 주지는 않습니다. 생물마다 필요한 물질을 받아들이는 방식이 있어서 이러한 방식을 따르지 않으면 흡수할 수 없기 때문입니다.

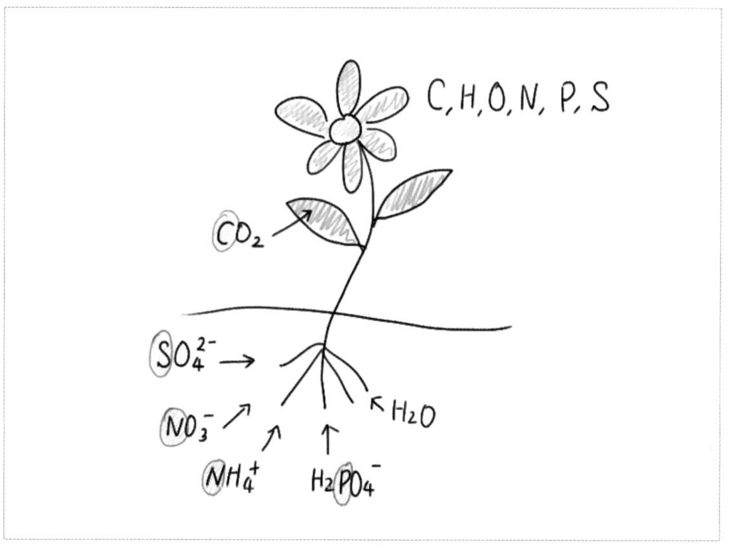

그림 1-4
식물이 필요한 원소를 흡수하는 방법. 대부분 물, 기체, 이온의 형태로 흡수한다.

식물은 필요한 물질의 대부분을 물, 기체, 이온의 형태로 흡수합니다. 탄소는 잎의 기공을 통해 이산화탄소에서 흡수하며, 수소는 물에서 흡수하고, 산소는 이산화 탄소와 물에서 흡수합니다. 황은 황산이온

(SO_4^{2-})으로, 질소는 질산이온(NO_3^-)이나 암모늄이온(NH_4^+)으로, 인은 인산이온$(H_2PO_4^-)$으로 흡수합니다. 이와 같이 식물의 영양분이 되는 물질들은 대부분 이온으로 흡수됩니다. 즉, 유기질 비료를 주든 무기질비료를 주든 간단한 분자의 이온화된 상태가 되어야 비로소 흡수됩니다.

3. 뿌리에 관하여

뿌리는 식물에 있어서 물과 양분의 흡수, 생산한 물질의 보관, 식물의 지지라는 세 가지의 중요한 기능을 합니다. 수경재배에서 식물의 지지는 다른 방법으로 할 수 있기 때문에 나머지 두 기능을 잘 할 수 있도록 하는 것이 중요합니다.

물과 양분의 흡수는 아주 작은 뿌리털에서 이루어집니다. 뿌리털은 매우 연약하고 일정 기간 동안 물과 양분을 흡수하는 일을 하다가 뿌리가 자라면서 죽어서 떨어져 나가고, 뿌리 끝쪽에서 새 뿌리털이 나게 됩니다. 뿌리는 확산에 의해 물과 영양을 흡수합니다. 물과 산소는 세포막을 통과하여 뿌리 조직으로 침투합니다. 그런데 뿌리에서의 확산은 좀 더 자세히 보면 이온 레벨에서 이루어집니다. 이것은 영양소를 이루는 원소가 전하를 띤 입자들의 전자 교환에 의해 통과한다는 말입니다. 무기질 비료를 주든 유기질 비료를 주든 최종적으로 뿌리에서 영양을 흡수하는 것은 이 방식으로 이루어집니다. 뿌리는 이온화된 무기물을 흡수하는 것이지 퇴비 덩어리를 집어삼키는 것이 아니라는 말이지요.

뿌리에 있어서 가장 주의해야 하는 것은 산소 부족과 탈수입니다. 산소 부족은 뿌리를 질식사하게 하고, 탈수는 말라 죽게 합니다. 뿌리의 죽음은 곧 식물의 죽음을 뜻합니다. 그러므로 뿌리는 항상 공기와 물이 공존하는 곳에 있어야 합니다. 토양이나 배지 속의 습기를 머금은 공기가 뿌리에게는 좋은 환경입니다. 건강한 뿌리는 색깔이 전체적으로 하얗습니다. 식물이 자랄수록 약간 노랗게 변하는 것은 정상입니다.

수경재배의 원리

재미있는 사실

네이버 사전에는 '수경재배'와 '양액재배'가 모두 나오는데, 인터넷 국립국어원 표준국어대사전[1]에는 '수경재배'도 '양액재배'도 검색되지 않고 있습니다(2018.10.16. 기준). 많은 국민이 접하고 있는 '수경재배'와 '양액재배'가 국어대사전에 나오지 않는 것은 어떤 연유일까요?

1. 수경재배의 역사

수경재배는 15세기경에 식물의 원소 조성을 결정하는 실험과 함께 시작되었습니다. '수경재배(hydroponics)'란 말은 1936년에 게리케(W. F. Gericke) 박사가 물과 녹은 양분의 용액에서 식물을 키우는 것을 설명하기 위해 만든 이름으로, 물을 뜻하는 그리스어 'Hydro'와 노동을 뜻하는 'Phonos'에서 유래했습니다. 수경재배에서는 양분을 물에 녹인 액체인 '양액'을 통해 식물의 생장에 필요한 양분을 제공합니다.

거의 완전히 균형 잡힌 양분을 받고, 토양에서 오는 해충이나 병과의 접촉이 좀처럼 없기 때문에 수경재배법으로 자라는 식물은 일반적으로 토양에서 자라는 식물보다 더 건강합니다. 균형 잡힌 양분을 받기 때문에 더 건강하고, 더 크고, 더 맛있으며 영양가가 더 높습니다. 토양과 격리되어 있기 때문에 건조한 지역에서도 수경재배를 사용하여 곡물을 키울 수 있습니다. 수경재배에서는 물과 양분을 식물에게 직접 공급하므로 곡물이 서로의 양분을 빼앗지 않으면서 자랄 수 있기 때문에 수확량이 많아집니다. 깨끗한 환경과 이상적인 조건 하에서 곡물을 기름으로써 토양 준비, 살충, 곰팡이 방지, 가뭄과 홍수로 인한 손실 비용을 줄일 수 있습니다. 노지에서 자랄 때, 식물은 수분과 양분을 찾기 위해 뿌리를 뻗어 나가는 데에 많은 에너지를 소비합니다. 수경재배에서는 그럴 필요

1) http://stdweb2.korean.go.kr/main.jsp

가 없기 때문에 식물이 양분을 찾는 데에 들어가는 에너지를 잎, 꽃, 열매를 생산하는 데로 돌립니다.

NASA에서는 미래의 우주정거장과 화성 방문자에게 충분한 음식을 제공하기 위해 수경재배를 연구하고 있습니다. 우리나라에서도 남극에 있는 세종과학기지에서 수경재배로 식물을 길러 연구원들이 먹고 있고, 카톨릭관동대학교 국제성모병원은 병원 내에 '마리스가든'이라는 식물공장을 두고 수경재배로 키운 식물을 환자의 식재료로 공급하고 있습니다.

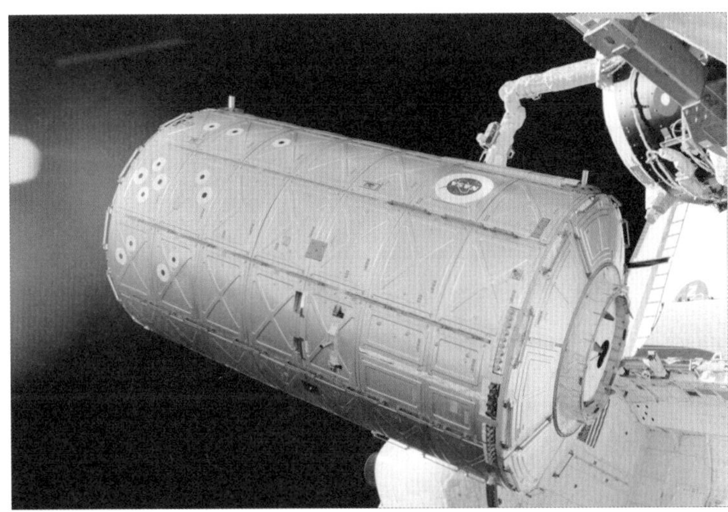

그림 1-5
국제 우주 정거장(ISS)의 데스티니 모듈(Destiny Module). 안에 데스티니 연구실(Destiny Lab.)이 있다. 'Destiny'란 운명을 뜻한다.

그림 1-6
데스티니 연구실 안에서 키우고 있는 주키니(Zucchini; 오이 비슷한 서양 호박). 무중력 상태라서 동동 떠다닌다. 비닐봉지로 식물을 키우는 것이 특이하다.

2. 수경재배의 원리

수경재배와 대비하여 흙에서 식물을 키우는 것을 토경재배라고 합니다. 수경재배가 무엇인지 알기 위해서는 일반적으로 친숙한 토경재배와 비교해 보는 것이 좋은 방법입니다. 뿌리가 있는 부분 외에는 수경재배와 토경재배가 별반 차이가 없기 때문에 뿌리 주변에 초점을 맞출 필요가 있습니다.

우선 흙의 역할부터 알아보겠습니다. 흙의 역할은 다음과 같이 정리할 수 있습니다.

- 흙의 틈에 있는 공기가 뿌리에 산소를 공급해 준다.
- 물과 양분을 가지고 있다가 뿌리에 공급한다.
- 식물을 지지한다.

❖ 산소 공급

화분으로 받은 식물을 키웠다 하면 얼마 안 되어 죽이는 사람이 있습니다. 자신은 식물이 잘 자라도록 매일 잊지 않고 물을 주는데 야속하게 죽는다고 합니다. 식물이 병해충의 피해가 없는데도 몇 주도 되지 않아 죽는 것은 대부분 뿌리의 질식과 관련이 있습니다.

동물이든 식물이든 굶는 것은 오래 견디지만 숨을 못 쉬는 것은 오래 견디지 못합니다. 식물의 뿌리 중 물과 양분을 흡수하는 뿌리털은 살아 있는 세포로 되어 있기 때문에 항상 호흡을 합니다. 뿌리가 가장 잘 호흡할 수 있는 방법은 아예 공기 중에 내어 놓는 것입니다만, 공기의 습도가 너무 낮기 때문에 뿌리가 말라 죽게 되어 이렇게 할 수는 없습니다. 뿌리가 호흡도 잘 하면서 말라 죽지 않으려면 습도가 높은 공기 속에 두어야 합니다. 비닐에 싸서 냉장고에 넣어 둔 마늘에서 뿌리가 나오는 것도, 싱크대 거름망에서 씻다가 떨어진 콩의 싹이 나는 것도 높은 습도가 유지되기 때문입니다.

흙은 알갱이 사이에 틈이 있습니다. 그 틈이 큰 흙은 통기성이 좋고 물이 잘 빠지는 흙이고, 틈이 작은 흙은 통기성이 나쁘고 물이 잘 빠지지 않는 흙입니다. 젖은 흙은 흙의 알갱이가 물을 머금고 있어 흙 사이의 틈은 습도가 높은 공기로 차게 됩니다. 이런 곳에서는 식물의 뿌리가 마르지 않고 호흡을 잘 할 수 있습니다. 그런데 흙에 물을 너무 많이 붓게 되면 흙 사이의 틈에 물이 가득 차게 되고, 뿌리가 숨을 못 쉬어 죽게 됩니다. 흙 위에 물을 부으면 흙 속의 양분이 씻겨 내려가고, 알갱이가 작은 흙이 물에 떠올랐다가 물이 빠지면서 딸려 들어가 물이 빠지는 길을 막게 됩니다. 물이 흘러 다니는 공간은 곧 공기의 통로이기도 합니다. 이런 일이 반복되면 물을 줄 때

물이 잘 빠지지 않게 됩니다. 이것은 흙 속에 공기가 들어갈 공간이 줄어들었다는 것과 같습니다. 한 번 흙이 젖고 나면 흙 속의 틈에 계속 물이 머물게 되고 공기가 통하지 않아 뿌리가 썩기 쉽습니다.

그림 1-7
습도가 높아 병 표면에 물방울이 맺혔다. 이런 조건에서는 뿌리가 호흡과 영양 흡수를 모두 잘 할 수 있다.

그림 1-8
양액에 담겨 있는 뿌리는 흙 속에서보다 산소 공급이 잘 된다. 고추 모종에서 뿌리가 뻗어 나오는 모습.

위 그림은 양액에 담겨 있는 뿌리를 들어올린 것입니다. 하얀 뿌리가 잘 자라고 있는 것을 볼 수 있습니다. 물이 많은 흙에서는 산소 공급이 잘 되지 않아 뿌리가 질식사하기 쉽다고 했는데, 이렇게 양액에 잠겨 있는 뿌리는 어떻게 잘 자랄까요?

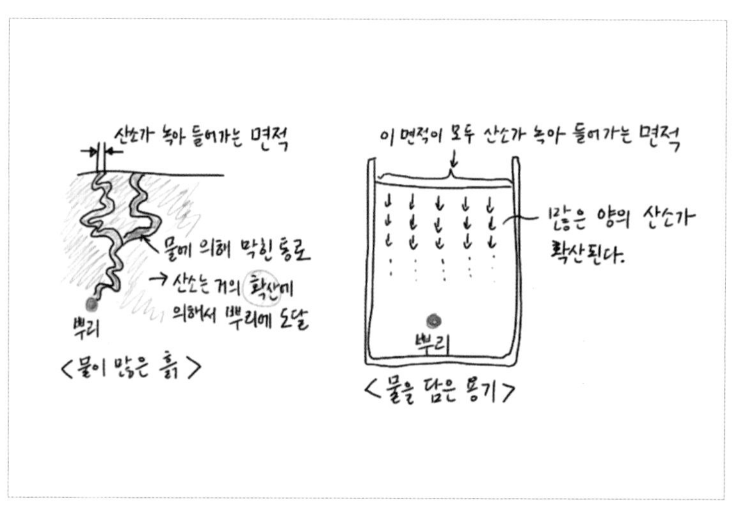

그림 1-9
과하게 물을 준 흙과 양액에서의 산소 전달. 흙에서는 좁은 통로를 통해 산소가 확산되기 어렵지만 양액 속에서는 확산이 쉽다.

위의 그림으로 설명해 보겠습니다. 왼쪽은 물을 많이 준 흙이고 오른쪽은 양액이 담겨 있는 용기입니다. 빨간색 점이 산소를 전달해야 하는 뿌리라고 했을 때, 흙에서는 산소가 녹아 들어갈 면적이 너무 적습니다. 또 흙 속의 좁고 복잡한 통로를 통해 뿌리로 산소가 전달되는데, 좁은 틈 속의 물은 움직임이 거의 없기 때문에 산소는 주로 확산[2]에 의해 퍼져나가게 됩니다. 반면 양액을 담아 둔 용기에서는 산소가 녹아 들어갈 면적이 넓고 퍼져나갈 면적도 넓습니다. 무엇보다도 양액이 움직일 수 있어 양액 표면에서 받아들인 산소를 전달하기가 쉽습니다. 이러한 이유로 물을 많이 준 흙에서는 뿌리가 질식사하지만 아예 양액 속에 담긴 뿌리는 잘 자랄 수 있습니다.

2) 확산(擴散, diffusion): 물질이 분자 운동에 의해 스스로 퍼져 나가는 현상. 물속에 잉크 방울을 떨어뜨렸을 때 시간이 지나면서 잉크가 물 전체로 퍼져 나가는 현상도 확산의 예이다.

그림 1-10
동물이 식물보다 산소 소비량이 많다. 물고기가 살아 있을 정도이면 식물이 살기에는 산소가 충분하다.

이를 잘 설명해 주는 예가 수족관입니다. 수족관은 기포 발생기로 공기를 공급하고 있습니다. 물고기가 살고 있으면 식물이 살기에 산소가 충분합니다. 수경재배에서도 양액만으로는 산소가 부족할 때 에어 펌프를 이용해 공기를 불어넣어 줍니다. 이와 같이 흠뻑 젖은 흙에서는 산소 부족으로 뿌리가 죽지만 출렁이는 물속은 산소가 많이 녹아 있습니다.

❖ 양분 흡수

빈혈이 왔다고 해서 우리가 철가루를 먹지는 않습니다. 식물에게도 질소가 부족하다고 해서 쇠고기를 썰어 주지는 않습니다. 철가루에는 철(Fe)이 들어 있고 쇠고기에는 질소(N)가 들어 있습니다만, 아무렇게나 흡수하는 것이 아니기 때문입니다. 사람은 소화 기관이 있어서 음식을 먹으면 소화 기관에서 흡수할 수 있는 작은 단위까지 분해한 다음에 흡수합니다. 하지만 식물은 소화 기관이 없으므로 쇠고기를 주어도 분해할 수가 없습니다. 쇠고기 같은 유기물은 다른 생명체가 그것을 먹이로 하여 분해하게 됩니다. 이렇게 분해되어 무기물이 되고 나면 물에 쉽게 녹을 수 있게 됩니다. 녹는 과정에서 (+)전기를 띤 조각과 (−)전기를 띤 조각으로 나누어지게 되는데, 이를 이온이라고 합니다. 예를 들어 소금의 주성분은 $NaC\ell$(염화 나트륨)인데, 웬만큼 센 불에 가열해도 녹지 않는 물질이지만 물에 넣으면 (+)전기를 띤 Na^+ 이온(나트륨 이온)과 (−)전기를 띤 $C\ell^-$ 이온(염소 이온)으로 분해되어 녹습니다. 뿌리는 이처럼 물에 녹은 무기물을 이온의 형태로 흡수하게 됩니다. 깻묵, 어분, 골분과 같은 유기질 비료는 식물이 직접 흡수하지 못하기 때문에 흙 속의 다른 생명체가 분해해 줘야만 흡수할 수 있습니다. 분해가 금방 되는 것이 아니기 때문에 비료로써의 효과를 낼 때까지 시간이 필요하고, 또 일시에 모두 분해되는 것이 아니기 때문에 비료로써의 지속 기간도 길어지게 됩니다. 반면 무기질 비료는 소금과 같이 물에 금방 녹기 때문에 식물이 즉시 흡수할 수 있습니다. 또한 한꺼번에 녹기 때문에 비료 성분이 너무 많이 녹아들기 쉽습니다. 화학 비료가 땅을 망친다는 것은 비료 자체에 유해 성분이 있어서가 아니라 사용을 잘못하여 땅에 과도한 비료가 축적되어서 그런 것입니다.

여기서 생각해 봅시다. 식물의 뿌리는 필요한 양분을 물에 녹은 이온의 형태로 흡수하니까 처음부터 물에 양분을 녹여서 공급하면 어떨까요? 이것이 수경재배의 핵심 원리입니다.

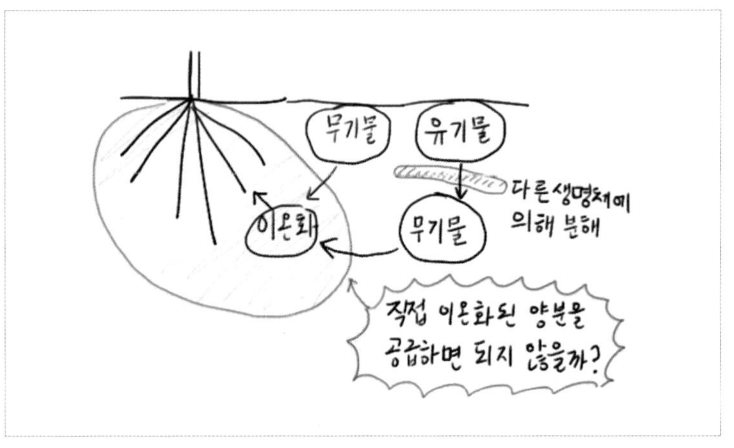

그림 1–11
뿌리는 흙 속에서 이온화된 양분을 흡수하는데, 양분을 물에 녹여 이온화한 다음 직접 공급하자는 것이 수경재배의 원리이다.

그림 1-12
양액이 진할 때의 적치마상추. 언뜻 보기에는 잘 자라는 것 같지만 잎이 뒤로 말려 있다.

위의 그림은 제가 수경재배를 시작한 지 얼마 되지 않았을 때 실수로 양액을 너무 진하게 타서 공급한 적치마상추입니다. 언뜻 보기에는 실내에서 키웠음에도 상추의 적색도 나타나 제대로 자란 것 같지만, 좀 더 주의 깊게 살펴보면 잎이 뒤로 말려 있다는 것을 알 수 있습니다. 이때 TDS 값이 1,490ppm까지 나왔습니다(적정값은 850ppm). 잘못된 것을 알고 다음날 양액을 알맞은 농도로 교환하니 이틀 후에는 새 뿌리가 나기 시작했습니다.

그림 1-13
알맞은 농도의 양액을 공급한 후 이틀째에 확인해 보니 하얀 새 뿌리가 나고 있다.

그림 1-13은 농도가 잘못되었음을 알고 적합한 농도의 양액으로 교환한 후 이틀째의 뿌리 모습입니다. 갈색으로 죽어 가던 뿌리 사이로 하얗고 굵은 뿌리가 힘차게 나오고 있음을 볼 수 있습니다. 이처럼 식물은 조건만 맞춰 주면 강인한 생명력으로 열심히 자란다는 것을 알 수 있습니다.

그림 1-14
알맞은 농도의 양액으로 교환한 후 8일째 되는 뿌리. 하얀 뿌리가 가득 나 있다.

그림 1-15
적합한 농도의 양액을 공급한 후 회복한 적치마상추의 잎

그림 1-15는 양액이 진한 문제를 해결하고 일주일 뒤에 찍은 잎의 사진입니다. 그림 1-12와 비교하면 잎이 펴져서 넓어진 것을 볼 수 있습니다.
양액의 농도가 진한 것은 토경재배에서 가뭄을 맞은 것과 비슷합니다. 그러므로 뿌리에 적당한 농도의 양액을 공급해야 합니다.

지금까지 이야기한 것을 정리하면서 수경재배가 어떻게 흙의 역할을 대신하는지 정리해 보겠습니다.

- 흙의 틈에 있는 공기가 뿌리에 산소를 공급해 준다. → 산소 공급의 관점에서 보면 흙이 없는 것이 더 좋다.
- 흙 속의 양분이 물에 녹아 뿌리로 흡수된다. → 물에 양분을 타서 뿌리에 준다면 흙이 필요 없다.
- 흙은 식물을 지지한다. → 흙이 없더라도 다른 방법으로 지지할 수 있다.

위와 같이 수경재배는 흙의 역할을 대신하여 흙 없이 식물을 키울 수 있습니다.

수경재배의 방식

수경재배의 기본 원리는 흙 없이 영양을 녹인 물을 공급한다는 간단한 것이지만, 이를 실현하는 과정에서는 여러 방식이 출현했습니다. 이들 방식을 분류하는 방법으로는 흔히 배지가 있느냐 없느냐와 양액을 순환시키느냐 아니냐로 구분합니다.

1. 배지의 유무에 따른 수경재배의 분류

엄밀히 말하면 양액 자체도 일종의 배지입니다만, 보통은 고체 형태의 배지인 고형 배지의 유무에 따라 분류합니다.

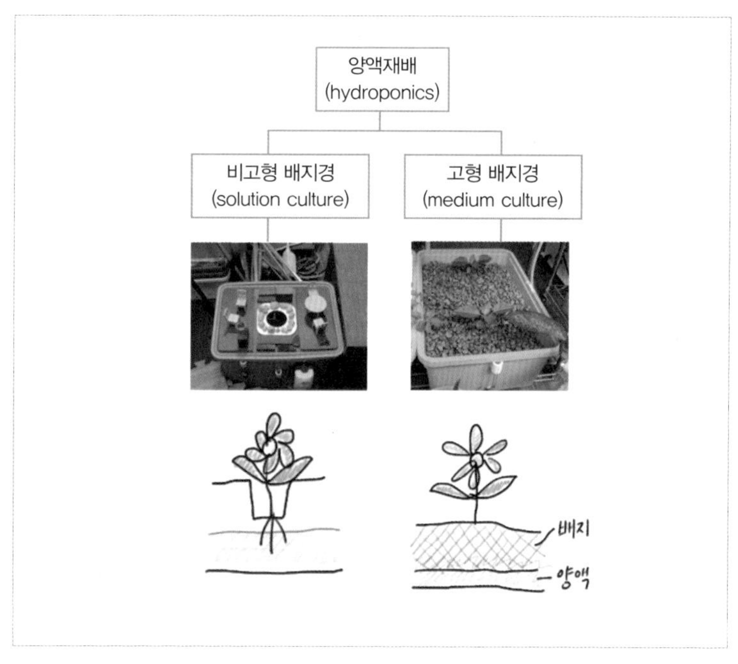

그림 1–16
고형 배지의 유무에 따라 고형 배지경과 비고형 배지경으로 나눈다. 비고형 배지경은 순수 수경이라고도 한다.

그림 1-17
배지가 있는 방식과 없는 방식을 모아 놓았다. 맨 왼쪽의 것은 양액에 담가서 키우는 것이고, 중간 것과 오른쪽 것은 배지가 있는 방식이다.

❖ 배지가 없는 방식 – 비고형 배지경(非固形培地耕) 또는 순수 수경(純粹水耕)

고체 형태의 배지가 없이 키우는 방식입니다. 영어로는 양액만으로 키운다고 해서 'solution culture'라고도 합니다. 순수 수경에서는 뿌리가 양액에 직접 닿기 때문에 식물이 양액의 조건에 직접적인 영향을 받습니다. 배지가 없기 때문에 배지의 준비와 사용 후의 처리 등에 대한 수고가 필요 없습니다. 순수 수경 방식에는 담액 순환식 수경(DFT; deep flow technique), 박막 수경(NFT; nutrient film technique), 분무경(aeroponics), 모관 수경(capillary culture) 등이 있습니다.

❖ 배지가 있는 방식 – 고형 배지경(固形培地耕, medium culture)

고체 상태의 배지에서 식물이 자라고, 양액은 배지에 스며들게 해서 키우는 방식입니다. 배지는 크게 무기물 배지(inorganic medium)와 유기물 배지(organic medium)로 나눕니다. 무기물 배지로는 팽창 질석(expanded vermiculite)[3], 펄라이트(perlite)[4], 암면(rockwool 또는 mineral wool), 폴리우레탄(polyurethane), 난석 등이 있고, 유기물 배지에는 피트모스(peatmoss), 코이어(coir), 왕겨(rice hull), 훈탄(carbonized rice hull) 등이 있습니다. 배지가 있는 방식은 주로 배지의 이름을 따서 부릅니다. 예를 들어 펄라이트를 배지로 쓰는 수경재배 방식은 '펄라이트경(perlite culture)'입니다.

고형 배지경은 식물의 입장에서 보면 토양에서 자라는 것과 환경이 비슷합니다. 배지가 양액과 뿌리 중간에서 완충 작용을 하기 때문에 양액 농도나 pH, 온도가 좀 맞지 않거나 양액 공급이 일시적으로 끊어져도 뿌리가 직접 타격을 입지 않습니다. 환경이 열악한 곳에서 식물을 기를 때 유리합니다.

2. 급액 방식에 따른 분류

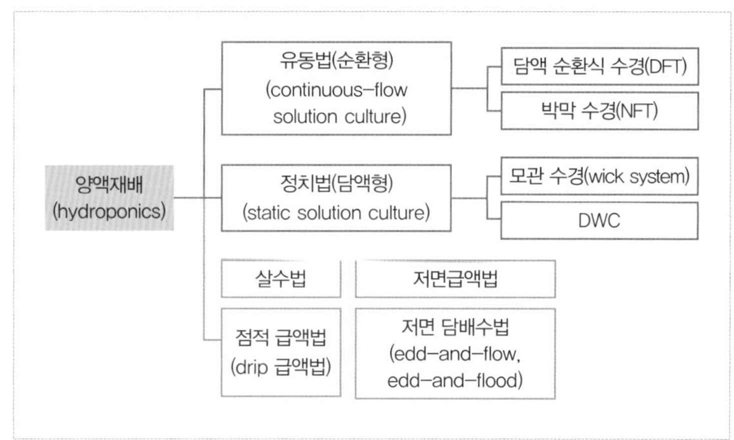

그림 1-18
급액 방식에 따라 분류하면 크게 양액이 고여 있는 방식과 흐르는 방식으로 나뉘고, 각 방식 내에서도 여러 가지로 나누어진다.

DFT : Deep Flow Technique
DWC : Deep Water Culture
NFT : Nutrient Film Technique

3) 흔히 '질석' 또는 '버미큘라이트(vermiculite)'로 부른다.
4) 진주암을 급격히 가열하여 팽창시킨 인공 토양.

양액을 공급하는 방식에 따라 분류하는 방법으로, 크게는 양액을 순환시키는 방식과 그렇지 않은 방식이 있습니다. 대체로 잎채소들은 양액에 산소가 적게 녹아 있어도 잘 자라는 편입니다. 뿌리에 양분을 저장하는 식물은 뿌리에 산소가 많이 공급되어야 하기 때문에 배지가 있는 방식이나 뿌리가 공기 중에 드러나 있는 방식이 좋습니다.

❖ 양액이 흐르지 않는 방식 – 정치법(static solution culture)

양액이 흐르지 않으면 그만큼 양액에 녹아 있는 산소량은 적어지게 됩니다. 에어 펌프로 공기를 불어 넣더라도 양액이 산소를 함유할 수 있는 양에는 한계가 있기 때문에 산소가 적은 곳에서도 잘 자라는 식물에 적합한 방식입니다. 잎채소, 물에 꽂아 두기만 해도 뿌리가 나는 식물 등이 정치법으로 잘 자라는 종류입니다. 정치법에는 대표적으로 DWC(deep water culture), 저면급액법, 모관 수경(wick system, capillary culture) 등이 있습니다.

❖ 양액이 흐르는 방식 – 유동법(continuous-flow solution culture)

양액이 흐르려면 양액 수조와 펌프를 갖추고 있어야 합니다. 대표적으로 담액 순환식 수경(DFT; deep flow technique), 박막 수경(NFT; nutrient film technique) 등이 있습니다.

3. 재배기의 실제 사례

여기서는 앞에서 분류한 방식들을 적용한 재배기 중 가정에서 접근하기 쉬운 것들을 위주로 설명하겠습니다. 같은 방식을 사용하는 수경재배기도 규모와 부가적인 장치가 많이 다릅니다. 사진으로는 이해하기 어려운 것은 그림으로 설명해 드리겠습니다.

❖ 구멍 없는 용기에 배지를 사용하는 방식

구멍 없는 용기에 배지를 사용하는 방식은 전문으로 수경재배를 하는 데에는 쓰이지 않는 방식이며, 그러한 곳에서는 소개도 하지 않는 방식입니다. 하지만 집에서 소소하게 식물을 기르는 사람한테는 친근하고 편한 방식입니다. 투명한 용기를 사용할 때에는 양액을 고이기 직전까지만 부어 주고, 배지가 말라갈 즈음에 다시 양액을 용기에 고이기 직전까지 부어 줍니다. 불투명한 용기를 사용할 때에는 양액이 얼마나 들어갔는지 옆에서 볼 수 없으므로 배지의 윗면까지 차오를 만큼 양액을 부어 주고, 배지가 마르면 다시 반복합니다. 이 방식은 키우기 까다로운 식물에는 적합하지 않고, 아무 데서나 잘 자라는 식물을 키우기에 적합합니다. 배지로 버미큘라이트를 사용하고 잎채소, 바질, 민트류, 트리안, 강낭콩을 키우니 잘 자랐습니다. 배지가 마르지 않은 상태에서 양액을 자꾸 부어 주면 뿌리가 썩을 수 있으므로 주의해야 합니다. 배지가 말랐는지 확인하려면 손끝으로 배지 위를 만져 봅니다. 시원한 느낌이 들면 아직 젖어 있는 상태입니다. 화분의 구조상 손을 뻗어 습기를 알아보기 어려우면 잎이 윤기를 잃고 아래로 쳐지기 시작할 때 양액을 부어 줍니다.

그림 1-19(좌)
구멍이 없는 용기에 배지를 사용하여 바질을 키우고 있다. 버미큘라이트를 배지로 사용하고 그 위에 작은 돌을 깔았다.

그림 1-20(우)
우유곽에 버미큘라이트를 넣고 강낭콩을 키웠다. 배지를 완전히 적실 만큼 양액을 부은 후 배지가 마르기 시작할 때 다시 붓는다.

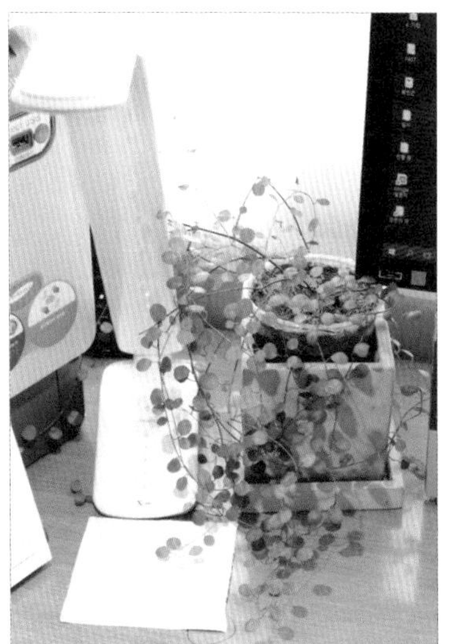

그림 1-21
책상 위에서 키우고 있는 트리안. 테이크아웃컵에 버미큘라이트를 넣었다. 미관을 위해 시멘트로 만든 화분에 넣었다.

그림 1-22
테이크아웃컵에 꺾꽂이하여 키우는 바질, 장미허브, 스피어민트, 애플민트, 트리안. 버미큘라이트를 사용하고, 컵에 구멍을 뚫지 않았다.

❖ 구멍 뚫은 용기에 배지를 사용하는 방식

겉보기에 흙을 사용하는 화분과 매우 비슷한 형태로, 용기에 배지를 채워서 식물을 키우는 방식입니다. 과잉의 양액이나 빗물이 빠져나가도록 용기의 아래쪽에 구멍이 있습니다. 많은 비가 왔을 때 빨리 빠져나가도록 배지 윗면 근처에도 구멍을 뚫어 놨습니다. 배지에 양액을 부어 뿌리에 양분을 공급하고, 여분의 양액은 용기의 구멍으로 흘러나가기 때문에 양액의 낭비가 있습니다. 그러므로 시험적으로 키워 보는 데에 사용하고, 본격적으로 키울 때는 양액의 낭비가 없는 방식을 사용하는 것이 좋습니다.

그림 1-23
미숫가루 비닐봉지에 버미큘라이트를 넣고 난간에 매달아 키우는 벼. 비닐봉지 아래쪽과 위쪽 옆에 구멍을 뚫어 과도한 양액이나 빗물이 빠져나가도록 했다.

그림 1-24
수납함에 배지를 넣고 키우는 스피어민트. 한 그루를 심은 것이 퍼져 나가고 있다. 오른쪽 아래에 구멍을 뚫어 짧은 호스를 연결했다.

그림 1-25
쓰레기통에 배지를 넣고 키우는 고추와 토마토. 쓰레기통 옆면 아래에 구멍을 뚫어 두었다.

❖ 배지를 사용하고, 모은 양액을 붓는 방식

앞서 구멍 뚫은 용기에 배지를 사용하는 방식에서 흘러나오는 양액이 버려지는 단점을 보았습니다. 이 문제를 해결하기 위해 용기의 구멍에 호스를 연결하여 흘러나오는 양액을 모으면 다시 배지에 부어 줄 수 있습니다. 용기를 두 개 준비하여 하나는 흘러나오는 양액을 받는 데에, 또 하나는 양액을 배지에 붓는 데에 사용합니다. 다음 날에는 역할이 서로 바뀝니다. 이렇게 함으로써 버려지는 양액 없이 키울 수 있습니다.

그림 1-26(좌)
흘러나오는 양액을 받아서 사용하는 방식. 배지는 포장용 완충재를 잘라서 사용했다.

그림 1-27(우)
흘러나오는 양액을 받아서 사용하는 방식. 배지로는 난석을 사용했다. 나오는 양액이 튀지 않도록 아래쪽까지 호스를 늘어뜨렸다.

❖ 저면급액법

저면급액법은 아래에 구멍을 뚫은 재배용기에 배지를 넣고 아래쪽으로 양액이 스며들게 하는 방식입니다. 트레이에 양액을 담아 두고 재배용기를 넣으면 재배용기의 구멍으로 양액이 들어가 배지를 적십니다. 시중에 식물이 심어져 있는 화분(아래쪽에 구멍이 뚫린 것)을 그대로 사용할 수도 있고, 재배용기에 구멍을 뚫어서 만들 수도 있습니다. 양액은 배지의 표면이 말랐을 때 트레이에 부어 주는 것이 사상 좋지만, 잘 알 수 없을 때는 트레이의 양액이 모두 말랐을 때 부어 주어도 좋습니다. 양액의 양은 배지 깊이의 1/5 이하로 부어 줍니다. 양액을 너무 많이 부어 주면 식물의 뿌리가 계속 양액에 잠겨 있게 되어 썩을 수 있습니다. 트레이에 부어 준 양액이 일주일 이상 두어도 마르지 않으면 부어 주는 양액의 양을 줄여 줍니다.

물을 좋아하는 잎채소와 대부분의 식물은 배지로 버미큘라이트를 사용하면 무난합니다. 알로에, 선인장 같이 물을 자주 주어서는 안 되는 식물의 경우 배지로 펄라이트를 사용하면 습기가 너무 많아지는 문제를 피할 수 있습니다(그림 1-31).

화분을 샀는데 따로 수경재배기를 만들 여유가 없다면 트레이로 사용할 것을 구해서 우선 저면급액법으로 키우다가 여유가 생겼을 때 원하던 방식으로 키워도 됩니다. 토경재배로 키우는 화분도 물을 화분 받침에 주는 저면급액법을 쓰면 좋습니다.

그림 1-28(왼쪽 위부터)
실내에서 키우는 아이비. 화분에 흙이 있는 그대로 사용했다.

그림 1-29
꺾꽂이하여 키우는 바질. 용기로 테이크아웃컵, 트레이로 수납함을 사용했다.

그림 1-30
저면급액법을 사용하여 키우는 밤나무. 재배용기는 플라스틱 용기, 트레이는 과일 담아 파는 그릇, 배지는 난석(대립)을 사용했다.

그림 1-31
저면급액법을 사용하여 키우는 알로에. 재배용기는 쓰레기통, 트레이는 일회용 국그릇, 배지는 펄라이트를 사용했다.

그림 1-32(왼쪽 위부터)
성북청소년문화공유센터에 설치한 그린 커튼. 재배용기로 쓰레기통, 트레이로 일회용 국그릇, 배지로 버미큘라이트를 사용했다.

그림 1-33
옥상에서 키우는 감자. 50L 버미큘라이트 봉지를 용기 대용으로 사용했다. 트레이로는 30L 수납함, 배지는 버미큘라이트를 사용했다.

그림 1-34
마을 행사에서 팔기 위해 키운 쌈채소. 사각형 투명용기에 버미큘라이트를 사용했다. 트레이로는 30L 수납함을 사용했다.

그림 1-35
펼쳐진 것을 위로 쌓으면 버티컬 팜이 된다. 구조물은 나무로 된 신발장을 개조하여 만들었다.

❖ DWC(deep water culture)를 적용한 재배기

파의 뿌리쪽 조각을 물이 담긴 컵에 넣어 두면 뿌리와 잎이 나는 것을 보았을 겁니다. 이렇게 잎을 키워서 잘라 먹을 수 있지만, 물에는 영양이 부족하기 때문에 점점 여위게 자라다가 결국 죽게 됩니다. 계속 자라기 위해서는 물에 영양이 녹아 있어야 합니다. 이렇게 양액에 뿌리를 담가서 키우는 방식이 DWC(deep water culture)입니다. 배지가 없고 양액을 순환시키지 않기 때문에 수중 펌프가 필요 없습니다. 양액에 산소를 공급하기 위해 에어 펌프를 사용하기도 합니다. 구조가 간단하여 많은 사람들이 수경재배에서 처음으로 시도해 보는 방식 중의 하나이기도 합니다.

그림 1-36
와인잔에서 키우는 아이비. 화분에 있는 것을 옮겨 넣었는데, 새 뿌리가 하얗게 난 것을 볼 수 있다.

그림 1-37
컵에 꽂아서 키우는 식물. 잎자루가 길고 옆으로 퍼진 식물은 그냥 넣어도 쓰러지지 않는다.

그림 1-38(좌)
공 모양의 용기에서 키우는 미니 알로에. 입구가 좁아서 이대로 식물을 지지해 준다. 부서진 서랍으로 틀을 만들고 조개껍질에 LED를 부착했다.

그림 1-39(우)
방에서 키우는 고구마. 오른쪽 노란색 과자 상자에 양액을 넣고 고구마 순을 넣은 것이 이렇게 자란 것이다.

식물을 그냥 재배용기에 넣으면 뿌리가 바닥으로 가라앉아 뿌리 주변의 공간을 크게 할 수 없습니다. 이 문제를 개선하기 위해 뿌리가 적당한 높이에 있도록 포트와 재배 베드[5]를 사용하는 방식도 있습니다. 특히 하나의 재배용기에 여러 그루의 식물을 키울 경우 이 방식이 편리합니다(그림 1-45). 뿌리에 더 많은 산소를 공급하기 위해 에어 펌프를 사용하기도 합니다(그림 1-44, 1-45). 식물이 자라기에 어두운 곳에서는 전등을 달아 주기도 합니다(그림 1-38, 1-45). 여러 재배용기로 식물을 키울 때는 재배용기를 위로 쌓아서 버티컬 팜의 형태가 되도록 할 수도 있습니다(그림 1-45).

DWC 방식은 잎채소 재배에 적합합니다. 또 물에 넣으면 뿌리가 잘 나는 식물이나 가지과 식물(고추, 토마토, 가지), 봉선화 등과 같이 젖으면 줄기에서 뿌리가 잘 나는 식물을 기르기에 적합합니다.

---

5) 앞으로 '재배 베드'를 '재배판'이라고 부르겠습니다.

그림 1-40

중학교 직업체험과정을 하면서 학생들과 만든 재배기. 재배판으로 포트를 지지하는 구조이다.

그림 1-41(우)

2.4L 꿀병을 이용하여 만든 재배기. 우드락에 구멍을 뚫어 포트를 지지했다. 봉선화가 1m 이상 자라 꽃이 피고 열매를 맺었다.

그림 1-42

책방 앞에 호박을 심었다. 오른쪽 파란색 수납함에 뿌리를 담갔다.

그림 1-43

호박이 어릴 때의 모습. 뿌리에 충분한 공간을 주기 위해 재배판과 포트를 사용했다. 나중에 더 큰 재배용기로 바꾸었다.

그림 1-44(좌)

한껏 멋을 부려 본 재배기. 수위계가 달려 있고, 에어 펌프로 공기를 공급한다. 파프리카를 키우기 위해 포트 구멍은 하나만 내었고, 빈 공간은 소품을 놓아보았다.

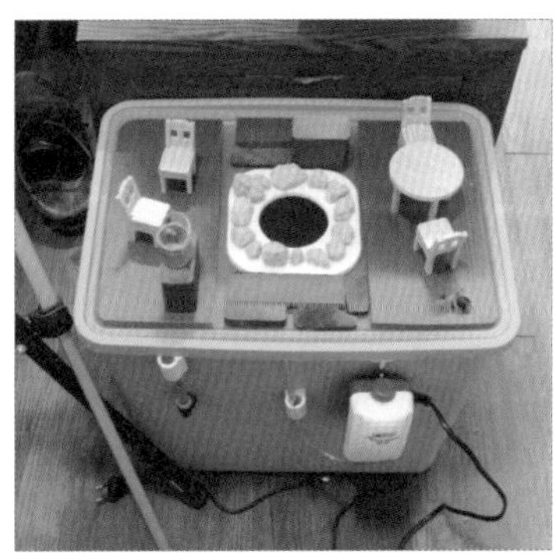

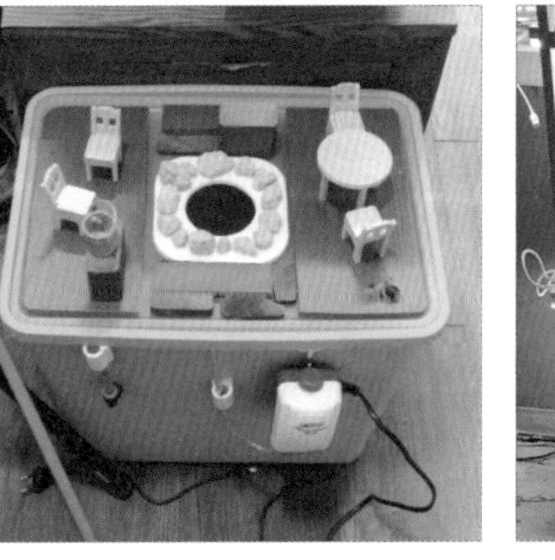

그림 1-45(우)

지인의 사무실에 설치한 재배기. 선반으로는 신발장을 개조해서 썼다. 총 32그루를 키울 수 있어 며칠에 한 번씩 싱싱한 채소를 먹을 수 있다.

❖ 담액 순환식 수경(DFT; deep flow technique)

재배용기에 뿌리가 잠길 만큼의 충분한 양액이 유지된 상태로 양액을 순환시키는 방식입니다. 아래에 있는 양액 저장 수조에 수중 펌프를 설치하여 양액을 맨 위의 재배용기로 올려 줍니다. 제일 위의 재배용기에서 양액 수위가 높아지면 양액이 호스를 통해 바로 아래의 재배용기로 흘러 들어갑니다. 이런 식으로 위에서 아래로 양액이 흘러 들어가서 제일 아래의 호스로 나와 양액저장조로 들어갑니다. 이처럼 충분한 양의 양액이 순환하는 방식을 담액 순환식 수경(DFT; deep flow technique)이라고 하며, 대략 한 시간마다 15분씩 양액을 순환시킵니다. 이 방식은 많은 양액을 사용하기 때문에 양액의 온도와 농도, pH의 변화가 급격히 일어나지 않아 안정적입니다. 펌프가 작동하지 않더라도 재배용기에 양액이 충분히 있기 때문에 꽤 긴 시간 동안 해를 입지 않습니다. 이 방식은 잎채소나 물에 넣으면 뿌리가 잘 나는 식물, 가지과, 봉선화 등과 같이 습기가 있으면 줄기에서 뿌리가 잘 나는 식물을 기르기에 적합합니다. 양액이 순환하면서 영양과 산소 공급이 원활하기 때문에 DWC보다 식물에게 더 좋은 환경을 제공합니다.

이런 방식의 재배기를 만들기 위해서는 재배용기에 구멍을 뚫고, 원터치 피팅을 끼우고, 호스를 연결하는 정도의 기술이 필요합니다. 자세한 내용은 3장의 '간단한 수경재배기 만들기'를 참고해 주시기 바랍니다.

그림 1-46
담액 순환식 수경을 적용한 재배기. 맨 아래의 노란색 양액 수조에서 재배용기로 양액을 공급한다. 재배용기에는 충분한 양의 양액이 항상 들어 있다.

❖ 저면 담배수법(ebb-and-flood 또는 ebb-and-flow)

저면 담배수법은 펌프를 이용하여 재배용기 아래쪽부터 양액을 공급하여 뿌리를 양액에 잠기게 한 다음, 양액을 빼내어 뿌리가 공기 중에 노출되게 하는 방식입니다. 밀물이 들어왔다가 썰물처럼 빠져나가는 것과 유사해서 영어로는 밀물(flood)과 썰물(ebb)을 뜻하는 'ebb-and-flood'라고 부릅니다. 수중 펌프의 전원이 들어갈 때는 양액을 위로 밀어 올리지만 전원이 꺼지면 위의 양액이 펌프를 통해서 아래로 내려옵니다. 저면 담배수법은 복잡한 자동화 장치 없이 타이머와 펌프만으로 작동하기 때문에 만들기 쉽고 돈이 적게 들어가며 구조가 비교적 간단하기 때문에 관리도 쉽습니다. 주기적으로 뿌리가 공기 중에 노출되기 때문에 충분한 산소가 공급되어 잎채소와 고추, 가지, 토마토는 물론이고, 양액에 담가서는 기를 수 없는 감자와 뿌리채소도 기를 수 있습니다. 이 방식 역시 구멍을 뚫고 호스를 연결하는 간단한 작업이 필요합니다.

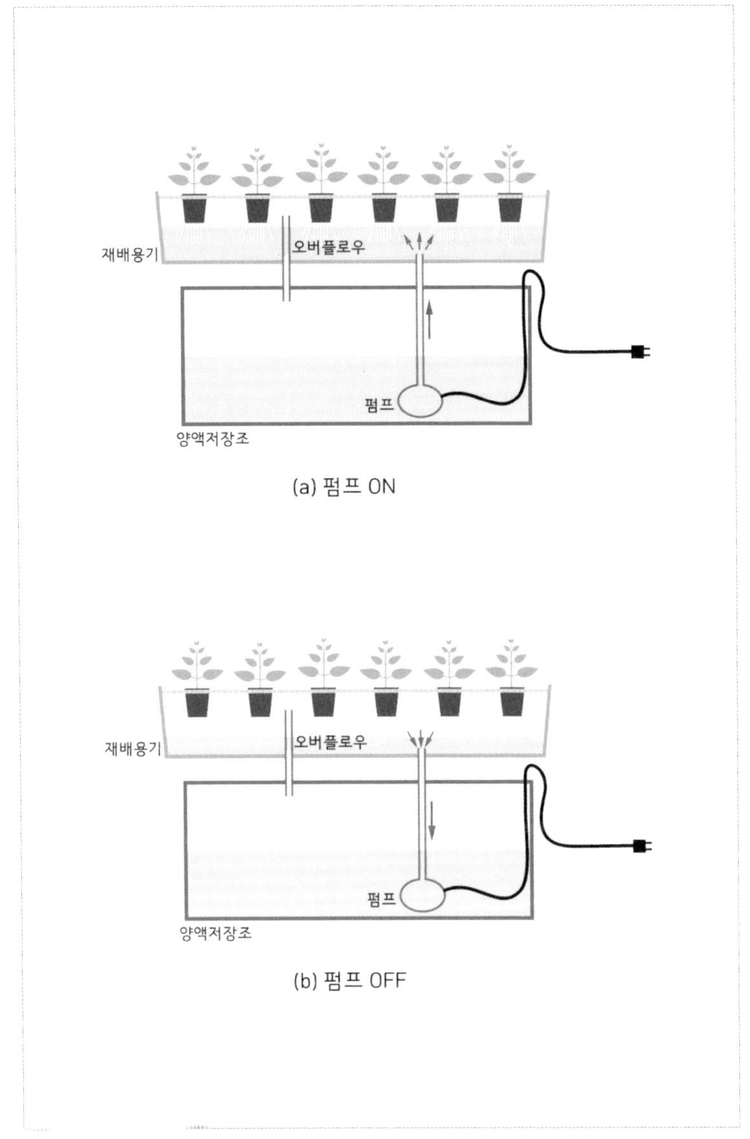

그림 1-47
저면 담배수법. 밀물과 썰물이 들고 날 때 해수면이 올라갔다 내려가듯, 펌프가 켜지고 꺼짐에 따라 양액의 수위가 올라갔다 내려갔다 한다.

그림 1-48
저면 담배수법을 적용한 재배기. 오른쪽의 호스는 펌프로부터 양액을 공급하는 것이고, 앞쪽의 호스는 오버플로용 호스이다.

❖ 박막 수경(NFT; nutrient film technique)

박막 수경은 담액 순환식 수경과 유사하지만 양액이 뿌리를 적실 정도의 소량만 계속적으로 또는 짧은 시간 간격으로 흐른다는 차이가 있습니다. 박막 수경에서는 뿌리가 젖은 채로 공기에 노출되어 있기 때문에 뿌리에 산소 공급이 잘 됩니다. 또한 뿌리가 젖을 정도의 양액만 흘려 주면 되기 때문에 적은 양의 양액만 사용합니다. 대신 외부의 온도 변화에 민감하고, 양액의 농도와 pH가 단기간에 변할 수 있으며, 정전 등으로 양액 공급이 중단되면 짧은 시간에 뿌리가 마를 수 있습니다.

이 재배기는 호스의 연결뿐만 아니라 플라스틱에 포트를 꽂기 위한 구멍을 뚫어야 하기 때문에 필요한 공구와 가공 경험이 없는 사람은 만들기가 쉽지 않고, 포트용 구멍을 뚫을 때에 전동 공구를 사용하면서 다칠 수가 있기 때문에 초보자에게는 직접 만드는 것을 권하지 않습니다.

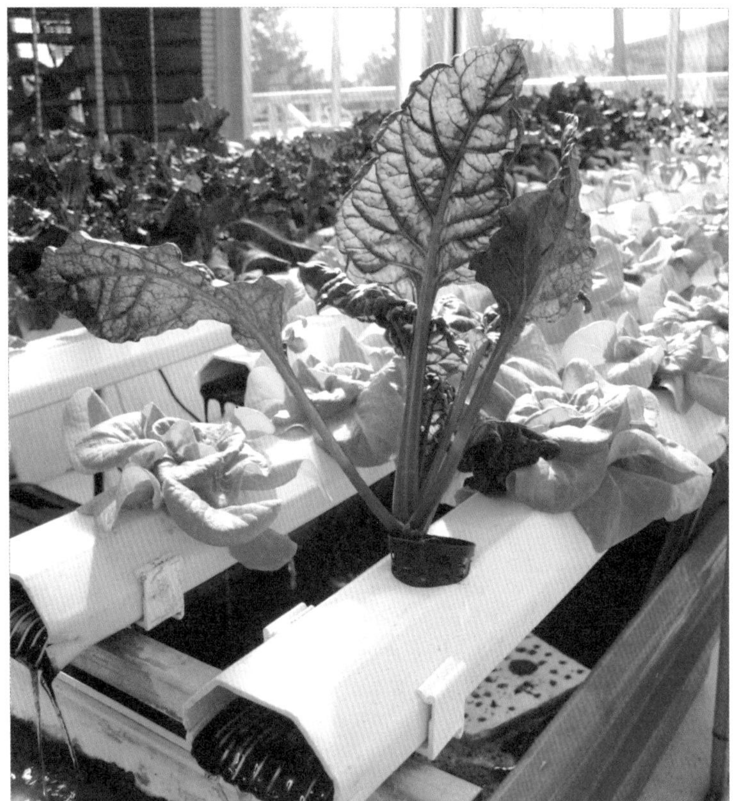

그림 1-49
박막 수경을 적용한 수경재배기. 양액이 관의 바닥으로만 소량씩 흐른다.

실패한 재배기의 예

이번에는 재배기를 만들 때 주의해야 할 사항을 알아보기 위해 제가 만들었다가 실패한 사례를 보여 드리겠습니다. 플라스틱 박스에 난석을 담은 후 양액을 난석 깊이의 1/2 정도가 되도록 계속 유지했습니다. 여기에 여러 가지 식물의 씨앗을 심어 보았습니다. 처음에는 싹이 잘 나고 별 문제없이 자랍니다. 그런데 조금 크고 나면 무슨 이유에서인지 자라지 않다가 어느 날 별안간 고꾸라져 있었습니다. 왜 이런 일이 생길까요? 수경재배의 원리를 생각하면 쉽게 답이 나옵니다.

난석을 담아 놓은 아랫부분은 항상 양액에 잠겨 있고 난석 때문에 산소의 확산이 되지 않아 산소가 부족한 것이지요. 양액에 잠겨 있지 않은 윗부분은 난석 알갱이 사이에 공기가 통하고 양액은 난석에 스며들어 있습니다. 그러니 식물이 싹이 나고 어릴 때는 뿌리가 깊게 뻗지 않아 문제가 되지 않습니다. 그런데 식물이 점점 자라면서 뿌리가 퍼져 나가면 점점 산소가 부족한 곳까지 뻗어 나가고, 결국 산소가 부족해서 뿌리가 죽게 됩니다.

그림 1-50
난석을 채우고 난석 깊이의 1/2 정도로 항상 양액의 깊이를 유지한 재배기. 식물이 어릴 때는 잘 자라다가 크면 죽는다.

4 수경재배의 장단점

어떤 것을 택한다는 말은 어떤 것을 버린다는 말과 같습니다. 수경재배로 식물을 키우기로 했다면 토경재배에서 유용했던 것을 버리는 부분도 있을 것입니다. 우리가 수경재배를 택함으로 인해 어떤 점이 좋아지고 어떤 점이 아쉬운지를 알아보도록 하겠습니다.

1. 수경재배의 장점

① 잘 자란다.

반려견에게 가장 좋은 음식은 사료라고 합니다. 개에게 맞도록 영양을 잘 맞추었기 때문입니다. 토경재배에서 식물을 잘 키우려면 흙에 어떤 영양분이 얼마나 있는지 분석하고, 그 결과를 이용하여 어떤 성분을 가진 비료를 얼마만큼 넣어야 할지 계산해야 합니다. 소규모 텃밭을 하면서 이를 계산하기란 쉽지 않은 일입니다. 수경재배는 영양의 배합 비율과 농도를 맞추기 쉬우며, 이로 인해 식물이 건강하게 잘 자라고 병충해에도 강합니다.

② 흙이 없는 곳에서도 식물을 키울 수 있다.

남극 기지, 원양 어선 등 신선한 식물이 필요하지만 흙이 없는 곳에서도 식물을 키울 수 있습니다. 그뿐 아니라 실내, 벽, 지붕, 보도, 자투리 공간과 같이 일상생활에서 식물을 키우기 어려운 곳에서도 수경재배로 식물을 키울 수 있습니다. 또한 이렇게 가까이서 식물을 키울 수 있기 때문에 텃밭에 오고가는 시간을 절약할 수 있습니다.

수경재배는 흙 없이 식물을 키우기 때문에 흙 만지기 싫어하는 사람에게 좋습니다. 흙을 싫어하는 데에는 여러 이유가 있습니다. 흙 자체의 감촉을 싫어하는 사람, 흙에 있는 갖가지 곤충이나 지렁이 등을 싫어하는 사람, 땡볕에 [illegible] 것을 싫어하는 사람이나 꽃가루 알레르기, 더

위, 거름 냄새, 잡초에 긁히는 것, 손톱에 때가 끼는 것 등등 다양한 이유로 흙을 싫어하는 사람이 있습니다. 수경재배는 흙을 사용하지 않기 때문에 흙과 관련된 불쾌한 것들을 피할 수 있습니다. 또 실내에서 식물을 키울 수 있기 때문에 노지에서 겪는 여러 불편한 요소들도 피할 수 있습니다. 수경재배에서는 흙으로 전파되는 병충해나 흙 속에 씨앗으로 있다가 싹이 나는 잡초가 없습니다. 흙으로부터 오는 병충해가 없고 잡초가 나지 않는다는 것은 큰 이점입니다.

③ 물을 잘못 줘서 식물이 죽는 일이 없다.

텃밭이나 화분과 같이 흙에서 키우는 경우는 물을 얼마나 자주, 얼마만큼 주는지가 모호합니다. 수경재배에서는 양액의 양을 확인할 수 있기 때문에 '얼마 이하일 때 주고 얼마 이상이 되지 않도록 한다'는 식으로 양액을 주는 범위가 명확합니다. 그래서 양액을 주어야 되는지 말아야 되는지 망설이지 않고 적정량을 줄 수 있습니다.

④ 배치가 자유롭다.

수경재배는 노지와 분리되어 식물을 기르기 때문에 위치를 원하는 대로 옮길 수 있습니다. 식물이 자라는 장치의 높이를 조절하여 작업을 쉽게 할 수도 있습니다. 좀 더 적극적으로는, 수직으로 배치하여 버티컬 팜(vertical farm)을 만들 수가 있고, 실외에서 키울 경우 땡볕이나 비, 강풍을 피할 수 있는 곳으로 들고 가서 보살피거나 수확할 수 있습니다.

⑤ 미생물 오염이 없다.

유기질 비료는 미생물 오염이 있을 수 있습니다. 특히 동물의 배설물을 사용하는 비료는 기생충의 알이 있을 수 있고, 음식물 찌꺼기로 만든 비료 또한 잘못 만들면 해를 주는 곤충이나 미생물이 살거나 알을 낳을 수 있습니다. 상업적인 제품은 덜 그렇지만, 도시농부가 스스로 만든 유기질 비료는 미생물 오염에 자유롭지 못합니다. 잘 썩지 않은 유기질 비료는 가스가 나와 식물을 상하게 하고, 갖가지 벌레들을 끌어들입니다. 수경재배용 비료는 무기질 비료이기 때문에 생물체가 없습니다. 배지 또한 대부분 열을 가하여 만든 것이라서 멸균이 된 상태입니다. 그러므로 비료나 배지에서 오는 병충해나 유해 가스가 원천적으로 없습니다. 수경재배에서 병충해가 생기는 것은 불량한 씨앗이나 모종을 사용하거나, 자라는 과정에서 외부에서 온 것에 의해서입니다.

⑥ 연작 피해가 없다.

흙에서 식물을 키우면 그 식물이 많이 사용하는 영양분은 흡수가 많이 되고, 덜 사용하는 영양분은 흙에 남게 됩니다. 다음 해에 또 같은 식물을 심으면 필요한 영양분은 부족하고 덜 필요한 영양분은 과잉으로 남게 됩니다. 식물은 필요로 하는 영양분이 골고루 있어야 잘 자라는데, 많은 것과 부족한 것이 있으면 부족한 것 때문에 잘 자라지 못합니다. 수경재배에서는 식물에 맞는 양액이 공급되고, 재배 중간이나 수확 후에 양액을 교환하기 때문에 새로운 땅에 키우는 것과 마찬가지이므로 연작 피해 없이 같은 작물을 계속 키울 수 있습니다.

⑦ 자동화하기 쉽다.

대부분의 텃밭은 텃밭 가장자리에 커다란 물통이 있고, 이 물을 길어다 씁니다. 텃밭에 물주기를 자동화한다고 생각해 봅시다. 우선 전기가 들어오게 해야 합니다. 물통에 펌프를 설치하고, 물을 주려는 곳까지 호스를 연결해야 합니다. 호스에는 전기 밸브를 달아야 하고, 토양에 센서를 꽂고, 전자 회로를 이용하여 물이 부족하면 물통의 펌프를 가동해서 물이 부족한 곳으로 연결된 호스의 밸브만 열어야 합니다. 만일 이렇게 한다면 텃밭 전체에 호스와 전선이 거미줄처럼 복잡하게 널려 있게 될 겁니다. 이처럼 복잡해지는 근본적인 이유는 텃밭의 형태가 2차원 평면으로 펼쳐져 있기 때문입니다. 그래서 자동화하기 위한 요소들도 텃밭에 펼쳐져 있을 수밖에 없습니다. 반면 수경재배는 식물이 노지와 분리되어 있기 때문에 3차원 공간으로 배치할 수 있습니다. 즉 베드를 층으로 쌓아올리고, 양액저장조도 재배기 안에 포함하여 모든 요소를 가까이 배치할 수 있습니다. 자연히 호스도 짧아지고 전선도 짧아져서 집적도가 높아지게 됩니다.

2. 수경재배의 단점

시설 재배에 적용되는 수경재배의 단점을 집에서 소소하게 키우는 수경재배에도 적용하는 분이 계신데, 저는 그렇지 않다고 생각합니다.

그림 1-51
비닐하우스 식의 식물공장. 햇빛을 이용하는 방식이다. 보이지 않지만 pH와 양액 농도를 맞추기 위한 여러 탱크와 펌프, 센서, 제어 박스 등이 갖추어져 있다. 전업으로 하는 수경재배를 식물공장과 비교해서는 안된다.

그림 1-52
여러 쌈채소를 수경재배로 키우는 모습. 사람이 매일 돌본다면 복잡한 기계 장치가 필요 없다. 이 형태가 텃밭과 비교해야 할 대상이다.

① 초기에 돈이 많이 들어간다.

수경재배의 단점으로 초기 투자 비용이 높다고 말하는 것은 수경재배를 이용한 시설 재배의 경우를 텃밭 수준의 수경재배에 잘못 적용한 것이 아닌가 생각합니다. 집에서 하는 수경재배는 텃밭과 비교해야지 식물공장과 비교하면 안 된다는 말입니다. 키우는 장소와 규모, 관리 수준 및 외부 지원 등의 요소를 비슷한 조건으로 비교해야 합니다.

텃밭을 처음 시작하기 위해서는 유기질 비료, 호미, 괭이, 쇠갈고리, 삽, 물뿌리개, 큰 물통 등이 필요합니다. 도시농업을 하는 텃밭에 가면 이런 것들이 모두 제공됩니다. 내가 사야할 것을 텃밭 관리하는 곳에서 사 놓았기 때문에 추가 비용이 들지 않을 뿐입니다. 외부 지원 없이 텃밭을 처음 시작한다고 하면 위에 열거한 것과 그 외의 소소한 것까지 모두 스스로 구입해야 합니다.

텃밭이 있는 곳에서 수경재배로 식물을 키운다고 했을 때 필요한 것들을 살펴보겠습니다. 저면관수법을 택한다고 하면 배지, 식물을 키울 용기(화분), 양액을 담아 두는 트레이(주로 수납 박스 이용), 수경재배용 비료, 전자저울이 필요합니다. 배지는 주로 버미큘라이트를 사용하는데, 50L에 약 13,000원 정도면 살 수 있습니다. 쌈채소를 키우는 데에는 약 2.5L의 재배용기면 충분합니다. 50L 버미큘라이트를 사면 20그루의 쌈채소를 키울 수 있는 셈입니다. 휴대용 전자저울은 약 5천 원에 팔고, 수경재배용 비료는 200g에 8천 원 정도 합니다. 이 정도 양이면 약 400L의 양액을 만들 수 있고, 2.5L 재배용기 160개를 채우는 양입니다. 용기와 트레이는 살 수도 있지만 생활하다가 나오는 것들을 모아 두었다가 재활용할 수도 있습니다.

이번에는 실내에서 키우는 것도 살펴보겠습니다. 토경재배를 실내로 들여와 적용하려면 흙을 담을 용기(화분)가 필요하고, 부족한 빛을 공급하기 위해 전등을 사야 합니다. 정해진 시간에 켜고 끄기 위해 타이머도 필요합니다. 이렇게 되면 물을 주어서 흙에 들어 있는 양분을 녹여 식물에 제공하는 토경재배의 원리를 따르지만, 겉모습은 수경재배와 다를 바 없습니다. 수경재배라서 돈이 더 많이 들어가는 것이 아니라 빛이 부족한 실내 환경 때문에 추가적인 비용이 들어가는 것입니다.

수경재배에 있어서 전업과 도시농업의 차이도 생각해 볼 일입니다. 전업으로 수경재배를 할 경우에는 양액을 만드는 것을 기계가 하고, 이를 제어하기 위한 갖가지 장치들이 들어가기 때문에 초기 투자가 많아집니다. 같은 수경재배라 하더라도 집에서 하는 것은 사람이 양액을 만들고, 사람이 모니터링하고, 사람이 양액을 공급하면 복잡한 기계가 필요 없습니다. 토경재배 또한 전업으로 하면 여러 장비를 직접 구매하든 임대하든 해서 갖춰야 합니다. 도시농업 하시는 분이 텃밭에 트랙터를 몰고 들어가지는 않습니다. 토경재배든 수경재배든 전업과 도시농업엔 큰 차이가 있으므로 이를 구분할 필요가 있습니다.

② 토경재배보다 자연에서 멀어진다.

토경재배를 하다 보면 텃밭에서 새 소리, 벌레 소리를 듣고 흙냄새도 맡을 수 있습니다. 그런데 이것이 사람의 입장에서는 좋은 것인지 몰라도 자연의 입장에서는 되도록 사람이 오지 않기를 바랄 것입니다. 아무리 친환경, 생태 순환을 주장하지만 텃밭이라는 것이 원래 자연을 사람에 맞게 바꾸는 과정이고, 이 과정에서 어느 정도의 자연 파괴를 할 수밖에 없습니다. 정도의 차이일 뿐입니다. 수경재배가 자연과 멀어진다는 것은 식물공장처럼 환경을 완전히 제어하기 위해 외부와 격리한 방식일 때의 얘기입니다. 집에서 하는 수경재배는 오히려 식물이 자라지 않는 주변을 식물이 자라는 공간으로 바꿀 수 있습니다. 벽, 지붕, 난간 등 본래 식물이 자라지 않던 공간에서도 식물을 자라게 할 수 있습니다. 저도 옥상에서 수경재배로 식물을 키우는데, 봄이면 여러 곤충들이 꽃에 날아들고, 새들도 물을 마시러 옵니다. 작지만 자연이 만들어지는 것입니다.

미국에서는 수경재배를 이용한 스마트팜을 유기농으로 인정하고 있습니다. 우리나라의 유기농 기준으로는 의아한 일인데, 이는 유기농을 바라보는 기준이 다르기 때문입니다. 우리나라는 '흙'과 '사람의 건강'에 초점을 맞추지만 미국은 '자연'에 초점을 맞춘다고 해석할 수 있습니다. 토경재배는 식물을 키우기 적합하도록 흙에 인위적인 변화를 주는 반면, 수경재배는 흙을 사용하지 않기 때문에 토양에 아무런 영향을 끼치지 않습니다. 또 수경재배는 수직으로 쌓아서 키울 수 있기 때문에 땅을 적게 사용하고, 물의 사용량도 적습니다. 이런 것들이 자연을 덜 훼손한다고 생각하기 때문에 미국에서는 수경재배를 유기농으로 인정하는 것입니다.

③ 새로운 지식이 필요하다.

맞습니다. 수경재배를 하려면 호미를 드는 대신 전자저울을 꺼내야 합니다. 수경재배는 식물을 키우는 데 있어서 토경재배와 다른 부분이 많기 때문에 새롭게 배워야 하는 내용이 있습니다. 하지만 식물 자체에 관한 것은 토경재배와 별반 다를 것이 없습니다. 이 말은 토경재배에서 쌓은 식물에 대한 지식을 수경재배에서도 사용할 수 있다는 말입니다.

④ 전기 소비가 많다.

이 또한 토경재배와 수경재배를 같은 환경에 놓고 비교하지 않아서 생기는 의견입니다. 식물용 LED(전등)를 예로 들자면, 수경재배든 토경재배든 노지에서 하면 전기가 필요하지 않을 것이고 실내에서 한다면 둘 다 전기가 필요합니다. 자동화 부분도 마찬가지입니다.

⑤ 물로 전파되는 병의 전파속도가 빠르다.

그렇다고는 하는데, 실제로 기르면서 병이 퍼져서 문제가 된 적은 없었습니다. 집에서 간단히 하는 수경재배에서는 양액에 문제가 생긴다 하더라도 양액을 교환하면 해결됩니다.

수경재배한 식물은 여려서 맛이 없다는데...

상추를 예로 들자면, 수경재배한 상추는 어린 잎 같이 부드러운 면이 있습니다. 이런 것을 좋아하는 사람이 있는가 하면 안 좋아하는 사람도 있습니다. 잎이 부드럽거나 거친 것은 영양 때문이 아니고 자외선 때문입니다. 사람의 피부가 햇빛을 많이 받으면 두껍고 거칠어지듯, 식물도 마찬가지로 햇빛을 많이 받으면 표면이 두껍고 거칠어집니다. 그러므로 거친 상추를 먹고 싶다면 자외선을 공급하면 됩니다. 가장 좋은 방법은 햇빛에 많이 노출시키는 것이며, 그럴 수 없다면 자외선 램프를 켜 주면 됩니다. 자외선 램프를 사용하려면 별도로 구입해야 하고, 식물 성장에는 큰 도움을 주지 못하면서 전기를 사용해야 하는 부담이 있습니다.

2장 일단 시작해 보자

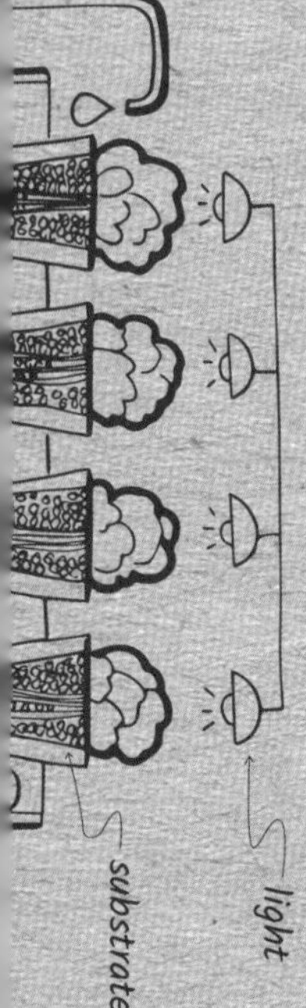

집에서 잎채소 좀 키워 먹겠다고 두꺼운 식물학 책과 양액재배 책을 다 읽을 수는 없는 노릇입니다. 식물을 잘 키우기 위해서는 책이나 자료로 공부하는 것도 필요하지만 무엇보다도 실제로 해 보면서 '될 것'과 '안 될 것'에 대한 지식을 익히는 것이 중요합니다. 비록 실패하더라도 위험 부담이 큰 것이 아니므로 이것저것 시도하면서 공부해 나가는 것이 중요합니다.

식물을 키우겠다고 결심했다면 어떤 식물을 어디서부터 기를지를 정해야 합니다. 먼저 기르려는 환경에서 기를 수 있는 식물을 정하고, 씨앗으로 시작할지, 꺾꽂이로 시작할지, 모종으로 시작할지를 선택해야 합니다.

씨앗으로 시작하는 방법은 식물이 자라는 전 과정을 볼 수 있는 것이 장점입니다. 씨앗을 심고 설레는 마음으로 기다리다가 싹이 났을 때의 기쁨은 씨앗부터 식물을 기른 사람만이 알 수 있습니다. 식물을 기르면서 가장 사진을 자주 찍는 시기 중의 하나이기도 합니다.

꺾꽂이하는 방법은 복제 효과를 볼 수 있습니다. 마음에 드는 식물을 꺾꽂이함으로써 그 식물과 똑같은 식물을 여럿 키울 수 있습니다. 하지만 모든 식물을 꺾꽂이로 퍼트릴 수는 없기 때문에 식물을 구분해서 적용해야 합니다.

모종으로 시작하는 방법은 수확하기까지의 기간을 줄일 수 있어서 효율적입니다. 대신 잘못된 모종을 구하면 모종이 가지고 있던 해충이나 병원균에 의해 피해를 볼 수 있으니 주의해야 합니다.

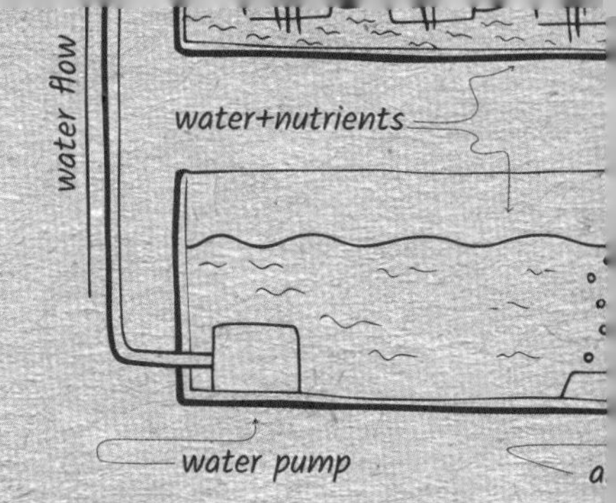

1. 씨앗으로 시작하기
2. 꺾꽂이로 시작하기
3. 모종으로 시작하기

1 씨앗으로 시작하기

그림 2-1
이스라엘에서 2000년 된 대추야자 씨앗이 발견되어 심었더니 싹이 났다. 지금은 땅에 옮겨 심어 키우고 있다. 씨앗은 휴면할 때는 무생물처럼 지낸다.

씨앗을 심고 싹이 빨리 안 난다고 해서 실망할 일은 아닙니다. 씨앗의 입장에서 생각해 보면 그동안 씨앗은 목숨을 건 결단을 합니다. 만일 살아갈 수 없는 나쁜 환경이라면 싹을 내지 않고 버티는 것이 최선의 선택입니다. 싹이 난 식물은 환경이 나빠졌다고 해서 다시 씨앗으로 돌아갈 수는 없기 때문에, 지금 환경이 좋지 않다면 싹을 내지 않고서 다음에 좋은 환경을 맞이할 가능성을 남겨 둬야 합니다. 일단 싹을 내면 되돌릴 수 없는 선택을 했기 때문에 모든 힘을 다해 자라는 데에 집중합니다. 씨앗이 싹트기에 적합한 온도가 그 식물이 잘 자라는 온도보다 좀 더 높은 것은 이러한 이유 때문입니다. 싹이 났다가 추워져서 낭패를 보지 않기 위해 자라기에 적합한 온도보다 더 높아지는 날이 있는 것을 확인한 다음 싹을 틔우는 것입니다.

수경재배는 양액으로 식물을 기르니 씨앗을 심고 나서 물 대신 양액을 준다고 생각하시는 분도 계신데, 수경재배라고 해서 씨앗에도 양액을 주는 것은 아닙니다. 씨앗은 싹이 날 때에 자신이 가지고 있는 양분을 이용하기 때문에 외부의 양분이 필요 없으며, 양분을 준다고 해도 뿌리가 없기 때문에 흡수할 수도 없습니다. 오히려 양분이 있는 물속의 씨앗은 부패하기 쉽습니다. 식물은 싹이 난 이후에도 계속 자신이 가진 양분을 이용하여 잎과 뿌리를 만듭니다. 뿌리가 나기 시작하면 어느 정도는 양액을 흡수할 수 있으므로 1/2 농도[6]의 양액을 공급해도 되지만, 번거롭다면 옮겨 심을 때까지 물만 공급해도 됩니다.

모종용 암면에 씨앗을 심을 때에는 암면이 건조한 상태에서 씨앗을 심은 뒤 물을 스며들게 해도 좋고, 물에 젖게 한 후에 씨앗을 심어도 좋습니다. 건조한 암면은 하나씩 집어서 씨앗을 심기가 편리하지만 가루가 날릴 수 있습니다. 젖었을 때에는 가루는 날리지 않지만 주변의 바닥이 젖지 않도록 주의해야 합니다. 모종용 피트모스는 건조한 상태로는 매우 딱딱하기 때문에 물을 머금게 한 후 씨앗을 심습니다. 여기서는 건조한 상태의 모종용 암면에 씨앗을 심은 후 물에 젖게 하는 방법으로 설명하겠습니다. 원리만 알면 모종용 피트모스에 씨앗을 심는 것도 비슷합니다.

1. 환경의 검토

씨앗을 심는 시기는 식물을 키우는 환경에 따라 달라집니다. 먼저 옥상에서 키울 때를 생각해 보겠습니다. 옥상은 식물에 스트레스를 많이 주는 장소입니다. 한여름이면 땡볕이 비칠 뿐 아니라 옥상 바닥이 달구어져 노지보다 온도가 훨씬 올라가며, 밤이 되어도 금방 식지 않고 복사열을 계속 내뿜습니다. 또한 바람도 심하게 불며, 겨울의 추위를 막아 줄 요소도 없으니, 그야말로 '거친 야생'과 같습니다. 옥상에서 키우려면 노지에서와 비슷한 시기에 씨앗심기를 해야 합니다.

다음으로 사무실입니다. 사무실은 사람이 있는 낮 동안에는 적정 온도를 위해 냉 · 난방을 하기 때문에 식물에게도 대체로 지내기 좋은 장소가 됩니다. 하지만 저녁이 되면 퇴근하기 때문에 낮처럼 좋은 환경이 계속 유지되진 않습니다. 또 대부분의 사무실은 식물이 자라기에 빛이 부족합

6) 일반적으로 공급하는 양액 농도의 50%라는 뜻이다.

니다. 그러므로 사무실에서 식물을 키울 때는 빛이 약해도 괜찮은 식물을 선택하거나, 아니면 전등을 달아 주어야 합니다. 특히 한겨울 밤에 대한 대책을 가지고 있어야 합니다.

베란다는 햇빛이 잘 드는 곳과 그렇지 않은 곳이 있는데, 빛이 부족한 베란다에서는 전등을 사용하여 빛을 보충할 필요가 있습니다. 베란다에는 바깥쪽 문과 안쪽 문이 있으므로 이를 이용하여 온도 조절을 할 수 있습니다. 가령 실내에 난방이나 냉방을 하고 있다면 베란다의 안쪽 문을 열고 바깥쪽 문을 닫아 실내의 온도와 비슷하게 할 수 있습니다. 여름 낮에 냉방을 하지 않는다면 양쪽 문을 모두 열어 실내와 베란다의 온도가 높아지는 것을 막을 수 있습니다. 겨울 낮에 난방을 하지 않는다면 베란다 안팎의 문을 모두 닫아 온실처럼 만들어서 온도를 유지할 수 있습니다.

베란다보다 더 좋은 환경은 집 안입니다. 사람이 생활하는 곳이므로 낮과 밤 모두 너무 덥거나 춥지 않습니다. 하지만 집 안 역시 여름엔 덥고 겨울엔 추운 것을 피할 수 없는 일이므로 계절에 맞추어 식물을 키우는 것이 좋습니다. 집 안은 베란다보다도 빛이 덜 들어오기 때문에 전등에 대한 고려를 해야 합니다.

식물에게 환경을 적극적으로 맞춘 곳이 바로 식물공장입니다. 식물에 맞게 온도, 습도, 광량, 이산화 탄소 농도 등을 제어합니다. 식물에게는 아주 좋은 환경이지만 돈이 많이 들어갑니다.

지금까지 식물이 자랄 여러 가지 환경을 살펴보았는데, 종합하면 실외에서는 노지재배와 같이 계절에 잘 맞추어야 하고 실내에서는 노지재배보다는 융통성 있게 식물을 키울 수 있다는 것입니다. 그림 2-2는 사무실에서 난방을 하여 겨울 동안 식물을 키웠던 모습입니다. 참나물은 예쁜 꽃을 피우기도 했습니다. 낮에는 일하기 위해 난방을 했고, 밤에는 식물 근처에만 필름 난방을 했습니다. 상추, 마늘, 참나물, 치커리와 같이 서늘한 곳에서 잘 자라는 식물을 키웠습니다.

환경에 대한 자세한 이야기는 '4장 키우기의 실제와 환경'을 참고하시기 바랍니다.

그림 2-2
겨울 동안 난방을 하여 식물이 자라고 있는 사무실. 난방을 위해 벽에 열 차단 시트를 붙이고, 식물 근처에 필름 난방을 했다.

2. 종자 선택

식물을 키울 때 품종을 잘 선택하는 것은 대단히 중요합니다. 쌉쌀한 맛이 나는 상추를 키우고자 하면서 그렇지 않은 품종을 심는다면 아무리 건강하게 잘 키워도 원하는 맛을 얻기 어렵습니다. 또 아무리 수경재배 시스템을 잘 갖추어 놓았다 하더라도 불량 씨앗을 심었다면 좋은 수확을 내기가 어렵습니다. 가장 쉽게 믿을 만한 씨앗을 구하는 방법은 품질 관리가 잘 되는 종묘 회사에서 최근에 생산한 씨앗을 구매하는 것입니다. 씨앗 나눔을 받을 수도 있는데, 좋은 의도로 주고받지만 보통은 소독을 하지 않기 때문에 품질을 보장하기가 어렵습니다. 특히 텃밭에서 무농약으로 키운 식물의 씨앗일수록 곤충의 알을 가지고 있거나 바이러스에 감염되었을 확률이 높습니다.

씨앗은 그 해에 생산된 것을 사용하는 것이 좋습니다. 대부분의 씨앗은 그다지 비싸지 않아서 사는 데에 큰돈이 들지 않습니다. 사 놓은 씨앗이 아까워서 버리지 못하고 오래된 씨앗을 심는 경우가 많은데, 오래된 씨앗은 발아율이 떨어지고 보관 중에 미생물이나 해충의 공격을 받기도 합니다.

때로는 불량 씨앗을 구매할 수도 있습니다. 순전히 씨앗을 생산한 사람의 잘못인데 싹이 안 난다고 자신을 탓하는 수가 있습니다. 씨앗이 날 조건을 만들어 주었는데도 싹이 안 난다면 씨앗이 잘못된 것이니 너무 자신을 탓하지 않기를 바랍니다. 아래 그림 2-3은 인삼 씨앗인데, 비닐봉지에 넣어서 파는 것을 산 것입니다. 마르지 않도록 입김을 불어 넣고 냉장고에 넣어 두었는데 싹이 났습니다. 생활 중에 냉장고에서 싹이 난 식물을 많이 보았을 것입니다. 마늘, 감자, 고구마, 심지어 밤까지 강한 생명력으로 싹을 틔웁니다. 그러므로 조건을 맞추었는데 싹이 나지 않는다면 씨앗이 잘못된 것이라고 생각하는 게 맞습니다. 단, 싹이 나는 데에 오랜 시간이 걸리는 식물도 있으니 싹이 안 난다고 섣불리 포기하지 마시고 싹이 나는 데에 얼마나 걸리는지 확인하시기 바랍니다. 가령 붓꽃의 경우는 그냥 심으면 한 달 쯤 지나야 싹이 납니다.

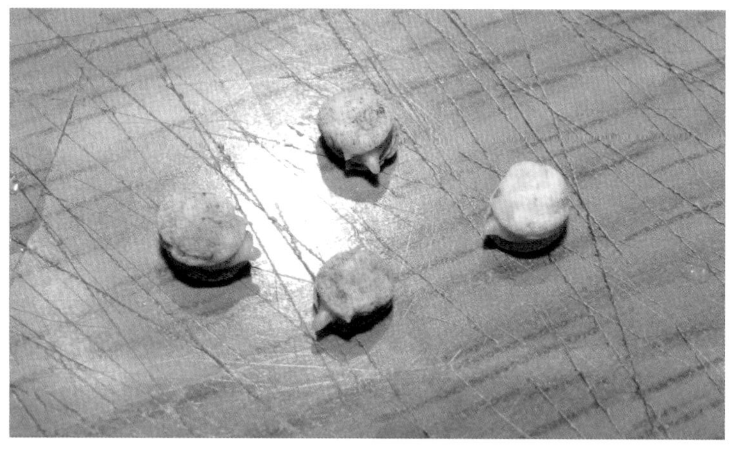

그림 2-3
봉지에 넣어 냉장고에 넣어 둔 인삼 씨앗이 발아하였다. 건강한 씨앗은 적당한 온도와 습도가 있으면 어느 곳에서든 발아한다.

3. 배지의 선택

씨앗은 싹이 나서 자랄 터전이 되는 곳에 심는데, 이를 '배지(medium)'라고 합니다. 배지를 선택할 때에는 식물의 종류, 수경재배 방식, 수분을 얼마나 보유해야 하는가, 산소를 얼마나 공급해야 하는가, 어떠한 틀에서 싹 틔울 것인가, 어느 정도로 다루기 쉬워야 하는가 등을 고려해서 정합니다. 얼핏 보면 복잡한 것 같지만 아래를 읽어 보시면 어떤 배지를 선택해야 하는지 한눈에 알 수 있을 겁니다.

씨앗을 심어 모종을 만드는 데에 쓰이는 배지를 모종용 배지라고 하는데, 모종용 배지는 형태가 정해진 것과 그렇지 않은 것이 있습니다. 형태가 정해진 것으로는 모종용 암면 블록, 모종용 지피, 모종용 스펀지 등이 있고, 형태가 정해지시 않은 것으로는 버미큘라이트(vermiculite), 펄라이트(perlite), 난석 등이 있습니다.

그림 2-4
모종용 암면 블록. 흔히 '모종용 암면'이라고 부른다. 주사위 모양, 원기둥 모양, 이어 붙인 모양 등이 있다. 별도로 파는 것도 있고, 트레이와 함께 파는 것도 있다. 사진은 트레이와 함께 파는 것이다. 칸막이가 있는 트레이를 사용하면 뿌리가 엉키는 것을 완화할 수 있다.

그림 2-5(좌)
피트모스를 압축해서 만든 모종용 배지. 건조된 상태로 판다.

그림 2-6(우)
수분을 흡수한 모종용 피트모스 배지. 피트모스는 약산성이고 수분을 잘 붙잡고 있어 약산성에 충분한 수분이 있어야 하는 씨앗 모종용으로 좋다.

그림 2-7(좌)
수경재배용 모종 스펀지. 보통 '수경재배용 스펀지'라 부른다. 폴리우레탄으로 만든 것이 많다.

그림 2-8(우)
수경재배용 스펀지에 나 있는 칼집. 칼집이 있어 조각을 떼어내기도, 씨앗을 심기도 쉽다.

씨앗은 마치 무생물처럼 있다가 적당한 온도에서 물을 흡수하면 생명 활동을 시작합니다. 생명 활동이 시작되어 싹이 나기 시작하면 호흡을 하기 때문에 산소가 필요합니다. 씨앗을 심을 때 물에 담가서 미리 불리는 것은 씨앗에 수분이 스며드는 속도를 높이기 위해서입니다. 이렇게 하면 싹이 나는 시간을 앞당길 수 있습니다만 식물에 따라 그 효과가 다를 수 있습니다. 붓꽃 같은 경우는 싹이 나는 데에 약 한 달이나 걸리기 때문에 물에 담가 불리는 것이 별 의미가 없습니다. 실제로 붓꽃의 씨앗은 껍질이 밤톨처럼 두껍고 왁스를 바른 것처럼 물에 젖지도 않습니다. 그래서 씨앗 껍질을 조금 깎아 내어 물이 잘 흡수되도록 하기도 합니다.

모종용 배지를 선택할 때에는 물에 담그면 스스로 물을 흡수하는 것인지를 미리 아는 것이 중요합니다. 암면과 피트모스는 물에 담가 두면 스스로 물을 흡수하는 반면 스펀지는 물에 넣으면 둥둥 떠다니기만 할 뿐 물을 흡수하지 못합니다. 그래서 스펀지는 물속에서 몇 번 눌러서 물을 흡수하게 합니다.

또 나중에 옮겨 심을 때 어떤 재배 방식으로 할 것인가를 고려하여 모종용 배지를 선택합니다. 암면이나 스펀지에 심은 모종은 거의 모든 수경재배 방식에 사용할 수 있습니다. 반면 피트모스로 된 모종은 양액에 담그면 피트모스 조각이 떨어져 나와 양액을 순환시키는 관을 막을 수 있습니다. 양액을 순환시키는 방식에서 키우려면 거즈로 피트모스를 감싸서 조각이 떨어져 나오지 않도록 하거나, 혹은 아예 고형 배지경에 사용하기를 권합니다.

4. 암면에 씨앗심기

준비물 : 모종용 암면, 씨앗, 핀셋(또는 이쑤시개나 면봉), 물, 트레이용 용기, 끝이 뾰족한 막대기(연필이나 송곳 등), 작은 컵, 스프레이 등

모종용 암면은 씨앗의 크기에 맞추어 준비합니다. 콩과 같이 큰 씨앗을 심을 때에는 이에 맞게 모종용 암면도 큰 것으로 준비합니다. 씨앗이 들어갈 구멍을 내는 데에 쓰이는 막대기도 씨앗의 크기에 맞게 적합한 것을 준비합니다. 핀셋(또는 이쑤시개나 면봉)은 작은 씨앗을 옮기기 위해 필요합니다. 핀셋일 경우 집어서 옮기고, 이쑤시개나 면봉은 물을 묻혀 작은 씨앗에 대면 씨앗이 달라붙어 옮기기 쉽습니다. 큰 씨앗을 심을 때는 그냥 손으로 집는 것이 편합니다. 그림을 보면서 설명해 드리겠습니다.

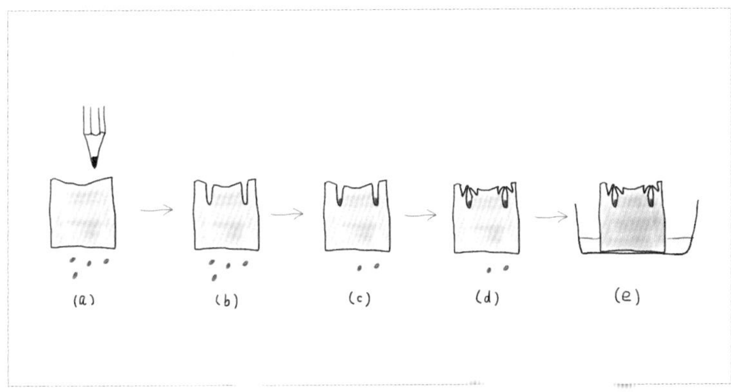

그림 2-9
모종용 암면에 씨앗을 심는 과정. 만일 모종용 피트모스에 심는다면 먼저 물에 넣어 팽창시킨 다음에 진행한다.

※주의※
암면 가루가 생길 수 있으므로 스프레이로 암면에 물을 뿌린 후에 하는 것이 좋습니다.

ⓐ 모종용 암면과 막대기를 준비하고, 씨앗을 집기 쉽게 펼쳐 놓습니다. 막대기로 암면에 씨앗이 들어갈 구멍을 만듭니다. 구멍의 넓이는 씨앗의 크기에 맞춥니다.[7] 깊이는 씨앗 길이의 두세 배 정도로 합니다. 막대기로는 볼펜, 싸인펜, 네임펜 등과 같이 끝에 화학 물질이 나오는 것을 사용하지 않도록 주의합니다.

ⓑ 구멍을 판 모습입니다.

ⓒ 작은 씨앗일 경우 핀셋으로 집어서 구멍에 넣고, 이쑤시개나 면봉을 사용할 경우 컵에 물을 붓고 면봉 끝에 물을 묻혀 씨앗을 붙인 다음 구멍에 넣습니다. 큰 씨앗은 손으로 집어서 넣습니다. 이쑤시개나 면봉에 침을 발라서 씨앗을 붙이지 마세요.

ⓓ 씨앗은 구멍에 빠듯하게 들어가는 정도가 좋습니다. 구멍이 너무 크면 구멍 옆을 눌러서 구멍을 메꾸어 줍니다.

ⓔ 트레이용 용기에 암면을 넣고 암면 높이의 1/4~ 1/3 정도까지 물을 부어 줍니다.

이후 암면을 넣은 용기의 수위가 줄어들어 거의 마르면 처음에 넣었던 높이만큼 물을 부어 줍니다. 암면은 덮개를 씌우지 않아도 싹이 잘 납니다.

5. 수경재배용 스펀지에 씨앗심기

수경재배용 스펀지는 석유 화학 합성 물질인 폴리우레탄(polyurethane)으로 만들기 때문에 기본적으로 물을 잘 머금지 않습니다. 그렇기 때문에 물을 잘 붙잡도록 거품이 많은 형태로 만드는데, 이것을 발포 폴리우레탄이라고 합니다. 수경재배용 스펀지를 물에 넣으면 물을 흡수하지 못하고 둥둥 떠다니게 됩니다. 그러므로 씨앗을 심기 위해서는 스펀지를 물에 넣고 주물러서 스펀지 속의 구멍으로 물이 들어가도록 합니다. 스펀지에 물을 충분히 머금게 한 다음에 다시 적당히 짜서 물을 빼냅니다. 그 다음부터는 앞서 살펴본 그림과 같이 씨앗을 심습니다. 수경재배용 스펀지는 씨앗을 심기 쉽도록 미리 칼집이 나 있기 때문에 따로 구멍을 낼 필요는 없습니다(그림 2-8). 스펀지에 씨앗을 심을 때는 씨앗을 심고 나서의 관리가 중요합니다. 물을 너무 많이 머금은 채로 두면 씨앗이 호흡을 하지 못해 부패하기 쉽고, 물을 싫어하는 새료의 특성 때문에 수면 위쪽이 마르기도 쉽습니다. 씨앗을 싹트게 하는 것은 사실 '물'이 아니라 '높은 습도'입니다.[8] 그래서 스펀지에 심었을 때는 스펀지가 너무 젖지 않게 한 다음에 젖은 키친타월 등을 덮어 주거나 덮개를 씌워서 높은 습도를 유지하게 하면 싹이 잘 납니다. 흙에서도 씨앗을 심고 물을 듬뿍 주

7) 쌍떡잎식물은 씨앗 껍질이 벗겨지면서 떡잎이 올라오는데, 구멍이 너무 크면 씨앗 껍질이 벗겨지지 못한 채로 올라올 수 있다.
8) http://blog.daum.net/st4008/62, "배지의 공극과 주변습도가 발아율에 미치는 영향" 참조.

지만 씨앗이 계속 물에 잠겨 있지는 않습니다. 물은 주변의 흙이 흡수하고 햇빛으로 따뜻해진 흙은 물을 수증기로 흙 속의 공간에 내보냅니다. 이렇게 씨앗 주변의 습도가 아주 높아지게 되면, 이 높은 습도에 반응하여 싹이 나는 것입니다.

6. 씨앗을 심은 후의 관리

씨앗을 심은 후에는 온도, 물, 공기를 관리해야 합니다. 싹이 나는 것을 '발아(發芽)'라고 하며, 싹이 날 때의 온도를 '발아 온도', 적당한 발아 온도를 '발아 적온'이라고 합니다. 발아 적온보다 온도가 낮아도 싹이 나지만 시간이 오래 걸리고, 온도가 너무 낮으면 싹이 안 납니다. 온도가 높으면 싹이 빨리 나지만 멀쑥하게 웃자랄 수가 있습니다. 또한 온도가 너무 높아도 싹이 나지 않는 수도 있습니다. 이러한 이유로 실내에서 식물을 키우더라도 겨울에는 서늘할 때 잘 자라는 식물을 기르고 여름에는 더울 때 잘 자라는 식물을 기르는 것이 유리합니다. 온도를 완벽하게 조절할 수 있다면 계절은 무시해도 됩니다.

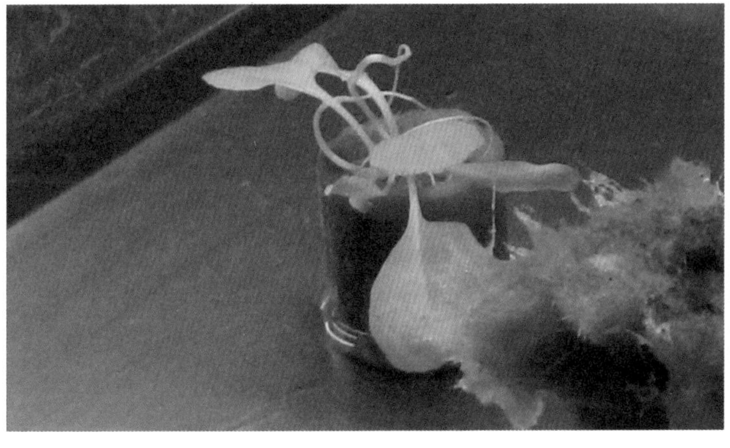

그림 2-10
7월의 높은 온도에서 발아한 상추. 고온에서 발아한 식물은 줄기가 마른 듯이 가늘고 길게 엉클어진다.

7. 빛 공급하기

싹이 날 동안은 대부분 습도를 유지하기 위해 덮개를 씌워 주는데, 이 상태로 강한 햇빛에 내어 두면 자칫 덮개 때문에 온실과 같은 효과가 나서 용기 내부의 온도가 급격히 올라갈 수 있습니다.[9] 덮개가 없으면 온실 효과는 피할 수 있으나 물이 빨리 증발합니다. 그러므로 심은 씨앗을 햇빛이 강한 곳에 두어 싹을 틔운다면 물을 자주 점검할 필요가 있습니다.

실내에서 형광등이나 LED를 이용하여 키운다면 온실 효과가 나타나지 않기 때문에 투명한 덮개를 씌워 주면 습도도 유지되고 싹이 날 때 바로 빛이 공급되어 좋습니다.

대부분의 식물 씨앗이 발아하기 위해서 수분과 온도만 맞으면 되지만 식물의 종류에 따라 빛을 공급해 주어야 하거나 어둡게 해야 하는 것도 있습니다. 하지만 싹이 나고 나서는 모두 적당한 세기의 빛을 공급해야 합니다. 이 시기에 빛을 공급하지 못하면 가늘고 길게 자라 약해집니다.

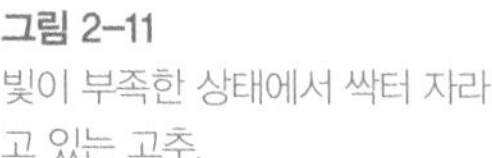

그림 2-11
빛이 부족한 상태에서 싹터 자라고 있는 고추.

9) 태양광 속의 적외선 때문에 일어나는 현상이다. 형광등과 LED는 적외선이 거의 없으므로 온실 효과가 나타나지 않는다.

실내에서 기를 경우 식물에 따라 빛의 양이 다르지만 대체로 5,000lux 이상으로 하루에 14~16시간 정도 비추어 줍니다. 이때 콘센트 타이머를 이용하면 편리합니다. 조심해야 할 것은 충분한 빛을 비춘다고 전등을 너무 식물 가까이로 가져가면 안 된다는 것입니다. 전등은 모두 열이 나기 때문에 식물이 전등에 닿으면 열에 의한 피해를 입게 됩니다. 빛의 세기와 시간에 대한 자세한 내용은 5장의 '빛 공급'을 참고하시기 바랍니다.
실내에서 싹을 틔운 다음 곧바로 옥상과 같이 강한 햇빛을 직접 받는 곳으로 옮겨서는 안 됩니다. 잎이 아직 자라는 단계이기 때문에 강한 자외선을 버티지 못하고 타버릴 수가 있습니다. 이를 피하기 위해서는 옥상에 두되 그늘을 만들어 주변에서 반사된 자외선에 적응하도록 해야 합니다. 대개 3일~5일 정도 적응하도록 한 이후에 햇빛을 직접 받도록 합니다. 다른 방법으로는 씨앗을 심은 모종을 처음부터 옥상에 두는 것입니다. 막 싹이 난 어린잎일수록 자외선에 잘 적응합니다. 다만 집 밖에서 기를 때에는 햇빛과 바람에 의해 물이 금방 말라 버릴 수 있으니 물 관리에 주의해야 합니다.

8. 옮겨심기

수경재배는 처음부터 자랄 곳에 씨앗을 심기[10]보다는 대체로 씨앗을 심어 모종을 만든 다음 옮겨 심는 방법을 이용합니다. 이를 위해서는 모종을 옮겨 심기 전에 재배기를 갖추어 놓아야 합니다. 씨앗을 심은 후 충분히 자라 쌍떡잎식물 기준으로 잎이 6장이 되기 시작할 때 옮겨 심고 양액을 공급합니다. 이때가 되면 뿌리가 충분히 발달하여 양액을 잘 흡수할 준비가 되어 있습니다. 외떡잎식물도 뿌리가 밖으로 나와 뻗어 있으면 옮겨 심습니다. 옮겨 심을 때쯤에는 모종용 배지 밖으로 뿌리가 많이 뻗어 나와 있으므로 뿌리가 다치지 않게 조심해서 다룹니다. 또 모종들이 가까이 있으면 뿌리가 엉켜 있을 수 있습니다. 이때는 살살 당겨서 뿌리가 끊어지지 않도록 주의합니다. 모종용 트레이를 사용하여 뿌리를 가두어 두는 구조로 키우거나 또는 작은 용기에 모종을 하나씩 키우는 것도 방법입니다. 또, 세게 잡거나 오래 잡고 있으면 뿌리가 상할 수 있으므로 주의해야 합니다. 옮겨 심을 때는 트레이를 가져가서 하나씩 빼서 옮겨 심는 것이 좋습니다. 옮겨 심을 양이 많다고 해서 한꺼번에 트레이에서 꺼내 놓으면 옮겨 심는 동안 뿌리가 마르는 수가 있으니 주의해야 합니다.

10) 자랄 곳에 처음부터 씨앗을 심는 것을 '직파'라고 한다.

그림 2-12
쌈케일을 이식하는 모습. 붉은색을 띤 떡잎과 녹색의 본잎이 자라고 있고, 새로운 잎이 나려고 한다.

위 그림은 쌈케일 모종을 옮겨 심는 모습입니다. 사진에는 안 나와 있지만 이만큼 자라면 모종용 배지 바깥으로 뿌리가 나와 있습니다. 이것을 살짝 잡아서 앞으로 자랄 곳으로 신속히 옮겨 심습니다.

지금까지 씨앗으로 시작하는 방법을 알아보았습니다. 씨앗으로 시작하는 방법은 씨앗으로부터 싹이 나는 신비함을 관찰할 수 있어서 좋습니다.

꺾꽂이로 시작하기

대부분의 꺾꽂이는 식물의 줄기 끝부분을 잘라 심어서 뿌리가 내리도록 합니다. 이렇게 하면 하나의 독립된 식물로 자라게 됩니다. 독립된 식물이지만 유전자는 원래 식물과 완전히 같으므로 복제품과도 같습니다. 생물을 복제하는 것은 첨단 과학에서나 가능한 일이라고 생각하기 쉽지만, 꺾꽂이는 오래전부터 해 온 복제법입니다. 일반적으로 식물은 특정한 생식법으로 같은 종의 다른 개체와 유전자가 섞이며 진화해 갑니다. 쉽게 말해 엄마 식물과 자식 식물이 조금 다릅니다. 그런데 꺾꽂이는 복제이기 때문에 원본 식물과 복제 식물이 변하지 않고 똑같습니다. 그래서 독특한 특징을 가진 식물이 있을 때 그 특징을 그대로 가지도록 번식시키는 데에 사용할 수 있습니다. 가령 기존에 없던 색의 꽃을 피우는 장미를 개발했다면 이 장미의 특징을 그대로 유지하고 싶을 것입니다. 그럴 때 꺾꽂이를 하면 똑같은 색의 꽃을 피우는 장미를 얻을 수 있습니다. 꺾꽂이를 하면 씨앗으로 시작하는 것보다 다 자란 식물을 얻는 데 걸리는 시간이 적게 든다는 장점이 있습니다.

그림 2-13
거실에서 키우고 있는 식물들. 수경 재배 교육에 쓰기 위해 키우고 있다. 꺾꽂이를 한 것이다.

그림 2-14
꺾꽂이는 생식의 한 방법으로 '생식 〉〉 무성 생식 〉〉 영양 생식 〉〉 생식 단위가 다세포인 경우 〉〉 꺾꽂이'로 분류된다.

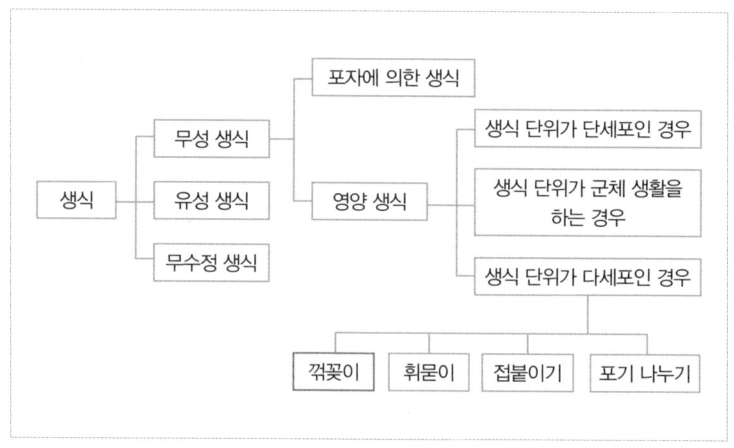

다세포 식물의 몸에는 분열 조직(생장점)이라고 하는 특수한 장소가 있으며, 여기서 식물체의 각 부분을 만들어 갑니다. 이러한 활동에 의해 식물은 원래 있던 몸에 새로운 부분이 덧붙여지는 형태로 자라게 됩니다. 대표적인 예로 잎을 보면, 원래의 잎이 있는데 줄기 끝에서 새로운 잎이 나서 자라고, 시간이 지나면 새로 자란 잎이 달린 줄기 끝에서 새로운 잎이 다시 자랍니다. 식물은 이렇게 분열 조직이 곳곳에 있기 때문에 식물의 몸 중 재생력이 강한 부분을 어미 식물에서 떼어 놓아도 조건만 유지시켜 준다면 새로운 개체로 자랄 수 있습니다. 꺾꽂이는 식물이 가지고 있는 재생 능력을 이용하여 잎이나 줄기를 잘라 배지에 심어 온전한 식물을 만들어내는 방법입니다. 인위적으로 영양 생식을 한다고 해서 '인공 영양 생식'이라고도 합니다.

꺾꽂이한 식물은 삶과 죽음의 속도 시합을 합니다. 줄기가 잘려 나간 식물은 물과 양분을 흡수할 수 없으므로 이대로는 말라 죽게 됩니다. 그러므로 죽기 전에 뿌리를 만들어서 물과 양분을 흡수하려고 하는데, 뿌리를 만드는 속도가 빨라서 물과 양분을 제때에 흡수할 수 있으면 살아나는 것이고, 너무 느리면 말라 죽게 됩니다.

꺾꽂이는 식물의 어느 부분으로 하는가에 따라 줄기꽂이, 잎꽂이, 뿌리꽂이로 분류합니다. 잎을 심으면 잎에서 뿌리가 나서 자랄 수 있는 식물은 잎꽂이를 할 수 있고, 뿌리를 잘라서 심어 놓으면 싹이 나는 것은 뿌리꽂이를 할 수 있습니다. 여기서는 줄기꽂이에 대해 설명합니다.

그림 2-15
줄기꽂이 중에서는 눈꽂이가 가장 널리 사용된다.

줄기꽂이는 눈꽂이, 녹지삽, 숙지삽으로 나누어지는데, 녹지삽과 숙지삽은 주로 나무에 사용하는 방법입니다. 아무래도 수경재배를 하는 분은 한해살이 식물을 많이 키우니 여기서는 눈꽂이를 설명하겠습니다.

꺾꽂이로 키우는 데에도 모종을 만든 뒤 옮겨 심는 방식과 처음부터 재배기에 심는 방식이 있습니다. 모종을 만든 다음 옮겨 심는 방법이 좀 더 복잡한데, 이를 알면 재배기에 바로 꺾꽂이하는 것은 저절로 알게 되기 때문에 모종 만드는 것을 설명하겠습니다. 만약 모종을 만든 후 양액이 순환하는 방식의 재배기에 옮겨 심을 계획이라면 가루가 떨어지지 않는 모종용 배지를 선택하기 바랍니다.

1. 꺾꽂이로 모종 만들기

꺾꽂이로 모종을 만드는 것은 모종용 배지에 씨앗 대신 꺾꽂이용으로 자른 식물을 심는 것입니다. 모종용 배지는 재배기의 방식을 고려하여 준비하는데, 꺾꽂이할 모종용 배지는 씨앗을 심는 모종용 배지보다 큰 것을 사용합니다. 높이가 4~5cm 정도 되는 것이 적당합니다. 모종용 배지에 꺾꽂이한 다음 뿌리가 나면 수경재배기에 옮겨 심을 수 있습니다. 모종용 배지에 꺾꽂이를 하여 모종을 만들어 두면 상황에 맞게 사용할 수 있으므로 항상 여분의 식물을 가지고 있어야 할 경우 이 방법이 좋습니다. 다음은 모종용 암면에 눈꽂이로 꺾꽂이하는 방법입니다.

준비물 : 암면(높이 4~5cm), 가위, 넓은 입구를 가진 용기, 막대기, 모종용 트레이, 꺾꽂이할 식물, 신문지 등 깔 것, 물

① 식물의 건강한 가지 중 가능하면 뿌리에 가까운 것를 골라서 끝으로부터 약 10cm 되는 곳을 자르되, 자르는 곳이 잎자루[11]에서 약 1cm 아래가 되도록 칼이나 가위로 깨끗하게 자릅니다. 도구가 없다고 손으로 꺾으면 안 됩니다.

- 손으로 줄기를 자를 경우 잘린 면 주변이 눌려서 뿌리를 형성할 세포가 상합니다.
- 정확히 자르기가 힘들면 대충 자른 다음 다듬어도 됩니다.
- 잎자루 아래 1cm를 남겨 두는 이유는 잎자루 부근에서 뿌리가 많이 형성되기 때문에 그 부분을 보호하기 위함입니다.

11) 잎자루: 줄기와 잎새를 연결하는 부위. 부엌칼을 잎이라고 생각한다면 칼날이 잎새에 해당하고 칼의 손잡이(칼자루)가 잎자루에 해당한다.

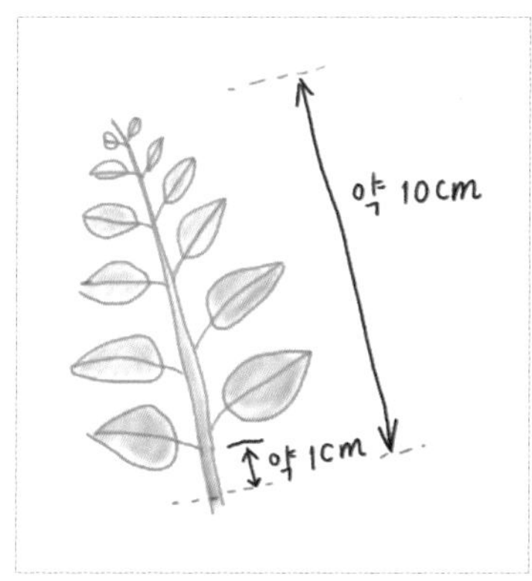

그림 2-16(좌)
자르는 위치

그림 2-17(우)
애플민트를 물병에 담가 뿌리가 난 모습. 줄기를 자른 맨 아랫부분을 제외하면 대부분의 뿌리가 잎이 났던 자리(흰색 화살표)에서 난다는 것을 알 수 있다. 이곳을 보호하기 위해 잎자루 아래 1cm 정도를 자르는 것이다.

② 잘린 면으로부터 키의 약 반 정도까지의 잎을 칼이나 가위를 이용해 줄기쪽으로 바짝 잘라 깨끗이 제거합니다. 이때도 손으로 잎을 따서는 안 됩니다.

Tip

- 아깝다고 잎을 제거하기를 주저하는 분들이 계신데, 많은 잎을 남겨 두면 식물이 말라 죽기 쉽습니다.
- 손으로 잎을 따면 잎에서 줄기로 연결된 껍질이 벗겨지면서 줄기까지 껍질이 벗겨지기 쉽습니다. 이렇게 되면 심었을 때 썩을 위험이 있습니다.
- 잎자루를 줄기 쪽으로 바짝 자르지 않으면 식물을 배지에 꽂을 때 잘 들어가지 않습니다.

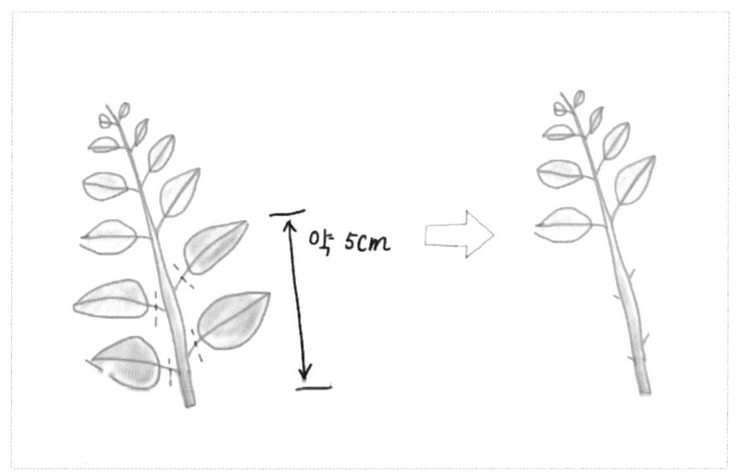

그림 2-18
잎 제거하기. 칼이나 가위로 가능한 잎자루가 남지 않게 바짝 자른다.

③ 자른 면을 민물에 1시간 정도 담가 둡니다.

- 물에 담가 두기만 해도 뿌리가 잘 내리는 식물들은 곧바로 배지에 꺾꽂이해도 됩니다.

④ 막대기로 암면에 약 3~4cm의 구멍을 냅니다. 구멍의 크기는 줄기가 쉽게 들어갈 수 있을 정도로 합니다.

- 스프레이로 물을 뿌려 주면 암면에서 먼지가 생기는 것을 막을 수 있습니다.

⑤ 암면을 물에 담가 충분히 젖게 합니다.

⑥ 구멍에 줄기를 조심스럽게 넣습니다. 넣다가 걸려 잘 들어가지 않을 때는 식물을 빼낸 다음 잎자루를 줄기 쪽으로 바짝 잘랐는지 확인합니다. 잎자루가 줄기 쪽으로 바짝 잘려 있는데도 잘 들어가지 않으면 배지의 구멍을 키워서 다시 넣습니다.

- 힘으로 줄기를 밀어 넣으면 뿌리가 날 부분의 세포가 다쳐서 뿌리가 나지 않을 수도 있습니다.
- 잎이 너무 많다 싶으면 그림 2-19와 같이 큰 잎을 반 정도 잘라 줍니다.

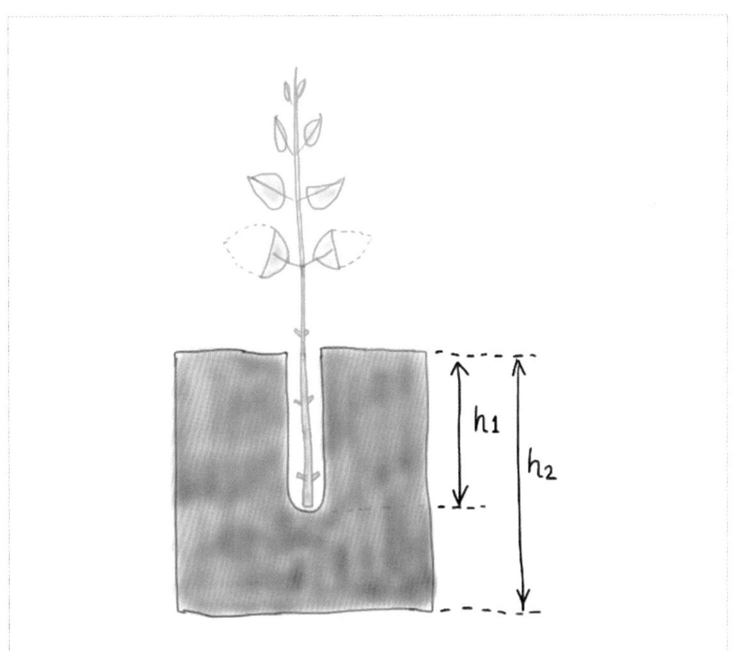

그림 2-19
암면에 심기. h_1은 약 3~4cm, h_2는 약 4~5cm가 되게 한다.

⑦ 줄기와 배지 사이에 공간이 크면 뿌리가 나더라도 곧바로 양분을 흡수할 수 없거나 심할 경우 뿌리가 마를 수 있으니 암면을 살짝 눌러 줄기와 배지 사이의 공간을 채워 줍니다.

그림 2-20
암면을 양쪽에서 살짝 눌러 줄기와 배지 사이의 공간을 적게 한다.

⑧ 모종용 트레이에 넣고 물을 암면 높이의 1/4 정도 부은 다음 그늘에 둡니다. 가능하면 투명한 뚜껑으로 닫아서 높은 습도를 유지합니다. 하루에 한 번 잎에 물을 뿌려 주는 것도 좋습니다.

- 햇빛이 있는 곳에 두면 증산이 많이 일어납니다. 뿌리에서 물을 흡수할 수 없는데 잎에서 증산이 많아지면 탈수 증상을 일으켜 심하면 말라 죽게 됩니다.
- 식물은 뿌리만큼은 아니지만 잎으로도 물과 양분을 흡수합니다. 잎으로 물과 양분을 흡수하도록 뿌려 주는 것을 엽면 살포(葉面撒布; foliar spray)라고 합니다.

⑨ 트레이의 물이 마르면 암면 높이의 1/4 정도 되도록 물을 줍니다. 꺾꽂이 후 1~2주가 지나면 뿌리가 나오기 시작하며 잎도 줄기 쪽부터 연한 색을 띠기 시작하고 새 잎도 나기 시작합니다. 이 시기가 되면 옮겨 심고, 이후부터는 식물에 맞는 빛과 양액을 제대로 공급합니다.

암면에 꺾꽂이한 식물은 흙에 옮겨 심을 수도 있고, 수경재배기에 옮겨 심을 수도 있습니다. 흙에 옮겨 심을 때는 모종을 아주심기(정식; 定植) 하듯 하면 됩니다. 흙을 파고 물을 부은 후 모종을 심은 뒤, 흙을 덮고 다시 한번 물을 듬뿍 줍니다. 수경재배기로 옮겨 심을 때는 재배 방식에 맞게 합니다.

암면 외의 배지일 경우에도 같은 방법으로 모종을 만들 수 있으니 옮겨 심을 곳의 상황에 맞게 모종용 배지를 선택합니다.

2. 꺾꽂이로 아주심기

만약 식물을 키울 곳이 정해져 있다면 모종을 만들 필요 없이 곧바로 키울 곳에 꺾꽂이할 수 있습니다. 더 옮겨 심지 않고 계속 키울 곳에 심는 것을 정식(定植) 또는 '아주심기'라고 합니다. 꺾꽂이로 아주심기 하는 것은 모종을 만드는 것과 유사하므로 차이점만 설명하도록 하겠습니다.

아주 심을 때는 더 이상 옮겨 심지 않을 것이므로 재식 거리[12]를 식물이 다 자랐을 때를 기준으로 맞추어 줍니다. 식물별 재식 거리는 4장의 '식물 사이의 거리 맞추기'를 참고하시거나 식물 이름과 '재식 거리'를 키워드로(가령 '상추 재식 거리') 인터넷에서 쉽게 찾을 수 있습니다.

꺾꽂이로 모종을 만들 때는 배지가 부스러지지 않는 암면 등을 사용하는 게 좋지만, 아주 심을 배지는 버미큘라이트나 펄라이트와 같이 작은 조각 상태인 것이 좋습니다. 이런 배지에 꺾꽂이할 때는 심은 다음 물이나 양액을 줄기 부근에 부어 주면 배지가 흘러 들어가면서 배지와 줄기 사이의 공간을 채워 줍니다.

그림 2-21
공간 메꾸기. 줄기 부근에 물이나 양액을 주면 배지가 흘러 들어가 줄기와 배지 사이의 공간을 메꾸어 준다.

12) 재식 거리: 식물을 심을 때 식물 사이의 거리

꺾꽂이로 아주 심을 때에는 암면에 꺾꽂이할 때와는 달리 물 높이를 직접 보아 가며 줄 수 없으니 보통의 식물과 똑같이 관리합니다. 처음에는 민물을 공급하고 직사광선을 피합니다. 이후 잎의 색이 줄기 쪽부터 연초록으로 바뀌면서 새 잎이 나기 시작하면 꺾꽂이 시기를 벗어났다고 생각하고 일반적으로 키우는 것처럼 양액을 주면서 관리합니다.

> **Tip** 꺾꽂이 후에 일반적인 양액에 그만큼의 물을 더 부은 50% 양액을 만들어 공급하면 뿌리내리기와 영양 공급을 동시에 할 수 있습니다. 새 잎이 나오면 정상 농도의 양액을 공급합니다.

꺾꽂이는 자라고 있는 엄마 식물을 확인할 수 있고, 빠른 시간 내에 자식 식물들을 만들 수 있는 효과적인 방법이니 활용도가 높습니다. 다만 꺾꽂이가 되는 식물인지 먼저 확인하시기 바랍니다.

꺾꽂이와 빵 공장

꺾꽂이 원리를 빵 공장 경영에 비유해 보겠습니다. 물과 양분이 밀가루, 잎이 공장, 광합성으로 만든 양분이 빵, 줄기와 뿌리가 도로에 해당합니다. 공장에서는 도로를 이용하여 밀가루를 들여와 빵을 만듭니다. 빵을 많이 만들어 놓았다면 사고가 나더라도 만들어 놓은 빵을 판 돈으로 오래 버틸 수가 있습니다. 식물 중에서 잎이나 줄기에 영양을 많이 저장하여 뿌리가 잘리더라도 오래도록 죽지 않는 것이 바로 만들어 둔 빵이 많은 공장이라 할 수 있습니다. 꺾꽂이를 위해 줄기를 자르는 것은 도로가 파괴되는 것과 같습니다. 도로가 파괴되면 밀가루를 가져올 수 없으므로 공장이 망하지 않기 위해서는 빨리 도로를 복구해야 합니다. 밀가루가 없어서 빵을 만들 수 없으니 도로 복구에 들어가는 비용은 그동안 만들어 놓았던 빵을 팔아서 충당해야 합니다. 공장은 빵을 만들지 않아도 기본적인 운영비가 들어가는데, 그것도 기존의 빵을 팔아서 충당해야 합니다. 점점 빵이 부족하게 되고, 빵 판 돈을 가장 효율적으로 사용하도록 압박을 받습니다. 만일 도로를 복구하는 데에만 돈을 쓴다면 공장 운영비를 못 내게 되어 공장이 팔리게 됩니다. 식물에서는 잎이 마르게 되는 것이지요. 만일 공장 운영비를 내는 데에만 돈을 쓴다면 도로를 복구할 수 없어 빵을 생산하지 못하기 때문에 결국 망하게 됩니다. 꺾꽂이를 해도 뿌리가 잘 나지 않는 식물이 여기에 해당합니다. 그러므로 공장을 일부 팔아 운영비를 줄이고, 그 돈으로 도로를 복구해야 합니다. 식물에게 공장을 파는 것은 잎을 떼는 것과 같습니다. 이때 공장을 모두 팔면 운영비가 들어가지 않고 한꺼번에 많은 돈이 생기므로 도로를 빠르게 복구할 수 있지만, 막상 도로를 복구하여 밀가루를 들여와도 빵을 생산할 공장이 없으니 망하기는 마찬가지입니다. 가장 좋은 방법은 도로 복구를 하는 데 필요한 만큼 공장을 팔고, 일부 공장은 남겨 두어 도로가 복구된 후에 빵을 생산할 수 있게 준비하는 것입니다. 식물에게 있어서 이것은 잎을 일부만 떼어 내는 것과 같습니다. 이러한 대응이 적절하면 도로의 일부분이라도 복구하여 밀가루가 조금씩 공급되고, 공장도 일부분만 가동하여 빵을 만들고, 만든 빵을 팔아 다시 도로를 복구하며 공장 운영비로 쓰는 선순환이 계속되어 나중에는 도로를 완전히 복구하고 공장도 정상적으로 가동하여 많은 빵을 생산할 수 있게 됩니다. 그리고 빵을 많이 팔아 돈을 벌면 새 공장도 지을 수 있게 됩니다. 새 잎이 나기 시작하는 것이지요. 그러나 대응이 적절하지 못하면 이러한 선순환이 깨어져서 공장은 망하게 됩니다.

3 모종으로 시작하기

모종은 다 자라지 않은 식물을 옮겨 심는 것을 전제로 한 상품이기 때문에 두꺼운 비닐로 만든 포트에 심어져 있습니다. 오래도록 키운 것도 아니고 화분 값도 빠지기 때문에 값이 싼 편이지만, 화분 식물[13]은 상대적으로 값이 비싼 편입니다. 그러나 모종과 화분 식물의 차이는 본질적으로는 없기 때문에 재배기에 옮겨 심는 방법도 비슷하므로 구분 없이 모종이라는 이름으로 설명하겠습니다.

다 자란 식물을 얻는 가장 빠른 방법은 모종으로 시작하는 것입니다. 텃밭에서도 수확을 빨리 하기 위해 모종을 심는 경우가 많습니다. 고추 모종은 꽃이 핀 것도 많은데, 심고 나서 얼마 있지 않아 열매가 달립니다. 이럴 때면 식물을 '키운다'기보다 밭에 '보관'하면서 열매를 따 간다는 느낌이 들기까지 합니다. 보관 중에 계속 자라는 것이지요.

수경재배에서도 시중에 파는 모종으로부터 키울 수 있습니다. 그러기 위해서는 먼저 재배기가 갖추어져 있어야 합니다. 모종으로 시작할 때에도 배지가 있는 방식과 배지가 없는 방식에 따라 약간의 차이가 있습니다. 배지가 없는 방식으로 키우는 것이 조금 더 준비가 필요하니 먼저 배지가 없는 방식으로 키우는 방법을 설명한 후 배지가 있는 방식으로 키우는 방법을 설명하겠습니다.

13) 화분 식물: 화분에서 키우는 식물을 글쓴이가 줄여서 붙인 이름으로, 정식 원예 용어는 아닙니다. 화분에서 키우는 꽃식물에 '분화(盆花)'라는 원예 용어를 사용합니다만, 꽃식물에 한정되어 있기 때문에 화분에서 키우는 식물 전체를 일컫기 위해 사용한 것입니다.

1. 배지가 없는 방식의 재배기에 옮겨심기

배지가 없는 방식 중 양액이 순환하는 방식에서는 모종의 흙이 양액 순환장치에 끼이지 않도록 주의해야 합니다. 이를 막기 위해서는 순환 장치에 필터를 달아 주거나 모종의 뿌리를 거즈로 감는 것이 좋습니다. 순환 장치까지 갖춘 재배기는 돈이 많이 들고 복잡하기 때문에 처음 해 보시는 분은 DWC(deep water culture)를 적용하시는 게 부담이 적습니다.

준비물 : 모종, 뿌리를 씻을 용기 2개, 씻은 식물을 담을 용기 1개, 물, 신문지 등 깔 것

① 신문지 등 깔 것을 깔고 2개의 용기에 물을 반 정도 붓습니다.

② 모종용 포트에서 뿌리를 빼냅니다. 이때 줄기를 잡고 빼면 줄기와 뿌리에 무리가 가게 되므로 한 손으로 모종용 포트를 받쳐 들고 다른 손은 손가락 사이에 줄기를 넣고 흙을 감싸듯이 펴 줍니다. 그 상태로 모종의 위아래를 뒤집어서 모종용 포트를 살살 눌렀다 놓았다 하면서 빼냅니다.

그림 2-22
포트에서 식물의 뿌리를 빼낼 때는 손가락 사이에 줄기를 넣고 뒤집어서 포트를 빼낸다.

※ 주의 ※
보기 흉하다고 뿌리에 남은 흙을 손으로 떼어내면 안 됩니다. 뿌리가 흙을 파고 들어가 흙을 붙들고 있기 때문에 손으로 떼어내면 가는 뿌리가 뜯겨져 나가게 됩니다.

③ 흙이 뭉쳐 있는 모종의 뿌리 부분을 첫 번째 용기에 담급니다.

④ 흙이 물에 충분히 젖게 5분 정도 둡니다. 이 과정에서 일부의 흙은 저절로 떨어져 나옵니다. 나머지 뿌리에 붙어 있는 흙은 살살 흔들어서 떨어지게 합니다.

⑤ 더 이상 흙이 떨어지지 않으면 두 번째 용기에 넣어 헹군 다음 재배기로 옮겨 심기 위해 모아 둡니다. 이때 모아 둔 식물의 뿌리가 마르지 않도록 덮어 둡니다.

씻는 시간을 줄이는 법
보통 모종을 사서 재배기에 심을 때에는 여러 그루를 다루게 됩니다. 이럴 때 한 그루씩 위의 순서대로 하면 시간이 많이 걸리기 때문에 아래 그림처럼 순차적으로 진행하면 시간을 줄일 수 있습니다.

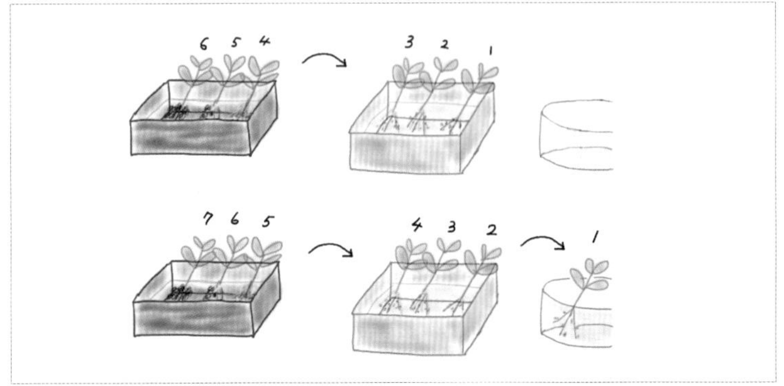

그림 2-23
뿌리 씻기를 순차적으로 하는 방법

⑥ 모아 둔 식물을 재배기로 들고 가서 심습니다.

2. 배지가 있는 방식의 재배기에 옮겨심기

시중에서 파는 모종을 사서 배지가 있는 재배기에 옮겨 심는 것은 배지가 없는 재배기에 옮겨 심는 것보다 쉽습니다. 배지가 있는 재배기에 옮겨 심을 때는 뿌리에 흙덩어리가 붙어 있다고 하더라도 문제가 되지 않습니다. 그러므로 뿌리를 씻는 과정을 대충 하거나 생략해도 됩니다.

그림 2-24
화분으로 받았던 꽃식물을 질석을 사용하는 수경재배 방식의 박스에 옮겨 심은 모습. 줄기 아래에 원래의 흙이 진한 색으로 보인다.

그림 2-25
옮겨 심은 후 13일째 되는 꽃식물. 보름 정도 되는 기간에 풍성하게 변한 것을 알 수 있다.

위의 두 그림은 선물로 받은 화분 식물을 질석을 사용하는 수경재배 방식의 박스에 옮겨 심었을 때와 13일이 지났을 때의 모습입니다. 처음 옮겨 심었을 때 줄기 아래에 화분에 있던 흙이 진한 색으로 보입니다. 이후 흙으로부터 질석으로 뿌리가 뻗어나가며 잘 자랐습니다.

지금까지 모종으로부터 수경재배를 시작하는 방법을 알아보았습니다. 빨리 수확의 기쁨을 보고 싶은 분은 지금 모종을 구하러 가세요!

3장 간단한 수경재배기 만들기

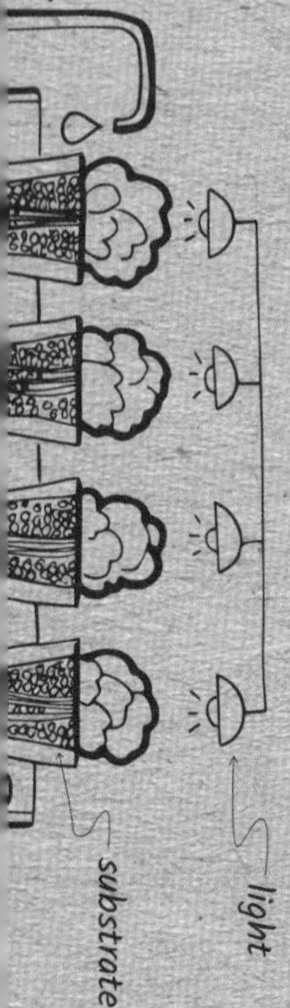

흔히 수경재배기라고 하면 각종 스위치와 호스, 펌프가 있는 복잡한 기계를 떠올릴 수 있지만, 가정이나 사무실에서 사용하는 수경재배기는 대부분 그렇게까지 복잡할 필요가 없습니다. 도시농부에게 필요한 수경재배기는 생활 주변에서 쉽게 구할 수 있는 쓰레기통이나 수납함, 과자 상자나 고추장 통 등으로도 만들 수 있습니다. 이번 장에서는 수경재배 방식별로 간단한 수경재배기부터 점차 복잡한 순서로 소개합니다. '만들기'란 말을 사용했지만 실제로 가공하는 일보다는 구성을 어떻게 하느냐가 더 많은 부분을 차지합니다. 그만큼 식물과 환경, 또 키우는 사람의 요구에 맞게 적합한 방법을 선택하는 것이 중요하다는 말입니다.

가령 PVC 파이프로 양액이 순환하지 않는 저면 급액 방식의 재배기를 만들어 옥상에 갖다 놓으면 여름 뙤약볕에 양액의 온도가 올라가 식물이 죽을 수 있습니다. PVC 파이프로 재배기를 만들어 옥상에 두려면 양액이 순환하게 하고, 양액 수조는 그늘진 곳에 두거나 냉각 장치로 양액을 식힐 수 있게 설계해야 합니다. 여건상 힘들 경우 최소한 심시 관수라도 적용하여 뿌리가 뜨거워지는 것을 막아야 식물이 죽는 것을 피할 수 있습니다. 이처럼 같은 재배기라도 실내에서는 문제가 되지 않는 것이 옥상에서는 치명적인 문제가 될 수 있으니 재배기를 설치할 환경에 맞게 설계해야 합니다.

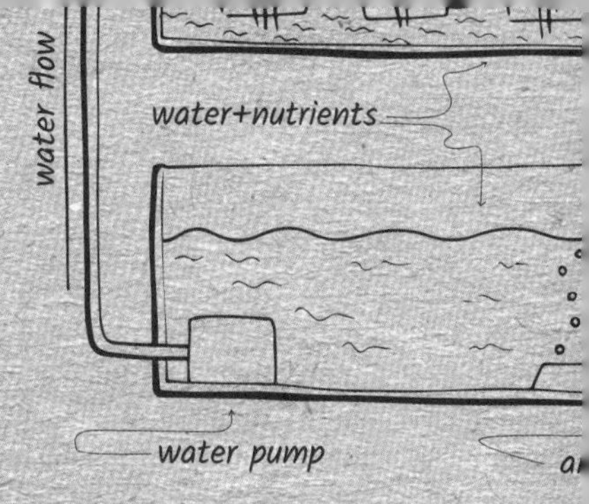

1. 환경의 검토
2. 공구와 기본적인 가공법
3. DWC을 적용한 수경재배기 만들기
4. 배지를 사용하는 간단한 재배기 만들기
5. 저면급액법을 적용한 수경재배기 만들기
6. 그 밖의 실험적인 재배기들

환경의 검토

경주용 자동차에는 포장도로를 달리는 날렵한 레이싱 카가 있는가 하면 커다란 바퀴를 달고 험한 길을 달리는 몬스터 트럭도 있습니다. 같은 자동차 경주임에도 두 차량의 생김새가 다른 것은 각각의 주행 환경에 맞는 방식이 있기 때문입니다. 수경재배에서도 키울 식물에 대해 알아보고 환경을 살펴보아 적합한 방식을 쓰는 것이 좋은 결실을 맺을 수 있게 해 줍니다.

집이나 사무실에서 수경재배로 식물을 키울 때 스스로 양액을 만들어서 공급할 수 없다면 상당히 곤란한 문제가 생깁니다. 양액은 전자저울로 수경재배용 비료의 양을 재어 알맞은 양의 물에 넣고 녹이면 되는 간단한 작업이지만, 이것을 기계로 하자면 상당히 돈이 많이 들고 부피도 차지하기 때문에 집이나 사무실이 공장같이 되어 버립니다. 그러므로 수경재배로 식물을 키우겠다면 적어도 양액은 스스로 만들 수 있어야 합니다.

1. 어떤 식물을 몇 그루 기를 것인가? - 재배 방식, 재배기의 크기 결정

식물에 따라 적합한 수경재배 방식이 있습니다. 잎채소를 길러 먹기 위해 돈이 많이 들어가는 분무경을 사용하는 것은 적합하지 않고, 뿌리식물을 기르기 위해 DWC(deep water culture)를 적용하는 것도 알맞지 않습니다. 전문적으로 기르려는 것이 아니라면 가능한 간단하고 값싸게 만들 수 있는 재배기가 좋습니다. 대체로 잎채소나 물에 담가 두어도 뿌리가 잘 내리는 식물은 DWC로노 충분히 잘 키울 수 있고, 뿌리가 산소를 많이 필요로 하는 식물일수록 양액에 산소 공급을 많이 해 주거나, 뿌리를 공기 중에 노출시키거나, 배지를 사용합니다. 배지를 사용하면 자연에서 자라는 것과 비슷하게 뿌리에 산소를 공급할 수 있습니다. 간단히 종합해 보면, 대부분의 식물은 배지를 사용하는 것이 가장 무난하고, 물을 좋아하는 식물은 양액만으로 키워도 좋습니다.

수경재배기를 만들 때는 식물이 자랐을 때의 크기를 고려해야 합니다. 초보 농사꾼이 저지르기 쉬운 실수가 수확을 많이 할 욕심으로 식물을 따닥따닥 붙여 심는 일입니다. 고추나 토마토같이 크게 자라는 식물은 자랐을 때를 생각하여 거리를 두어야 합니다. 식물이 어릴 때는 서로 간의 간격이 멀게 느껴집니다만, 다 자라고 나면 '재배기를 좀 더 크게 만들 걸'하고 후회하는 때가 많습니다. 또 실내에서 기를 때에는 거의 다 전등을 달아야 하는데, 식물이 자람에 따라 식물과 전등 사이의 거리가 유지될 수 있도록 해야 합니다. 식물의 크기에 관련한 문제를 해결하는 다른 방법으로는 재배기를 2~3대 갖추고 식물이 어릴 때는 작은 식물과 함께 키우다가 커지면 옮겨 심는 방법도 있습니다.

2. 재배기를 설치할 공간의 크기

재배기를 설치할 공간을 살펴봐야 합니다. 너비, 깊이, 높이를 재서 만들려는 재배기가 공간에 들어갈 수 있는지를 확인합니다. 공간이 부족하다면 재배 방식, 재배기의 형태 등을 다시 검토해야 합니다.

3. 빛

❖ 빛의 세기

빛의 세기를 조도계로 측정합니다. 조도계는 스마트폰 앱으로 많이 나와 있으니 적당한 것으로 다운받습니다. 식물이 제대로 자라기 위해서는 백색광의 경우 적어도 5,500lux의 조도가 필요하며, 빛을 많이 주어야 하는 식물은 8,500lux 이상이 필요하기도 합니다. 만약 이 정도가 나오지 않는다면 전등을 달아 주어야 합니다.

❖ 빛의 지속시간

빛이 세더라도 비추는 시간이 짧다면 식물이 자라기에 부족합니다. 빛의 세기와 시간을 곱한 값이 적어도 하루에 77,000(lux · hour)은 되어야 합니다.

❖ 콘센트의 거리

재배기에 전기를 쓰는 부품이 있다면 재배기와 콘센트까지의 거리도 중요합니다. 거리에 따라 멀티탭이 필요한지, 필요하다면 길이가 얼마짜리를 사야할지 확인하도록 합니다.

❖ 전등의 자동화 정도 결정

전등을 손으로 켜고 끌 것인지를 결정합니다. 사정상 그럴 수 없다면 자동으로 켜고 끄는 타이머를 사용해도 됩니다.

4. 얼마나 자주 점검할 수 있나?

가장 자주 점검해야 하는 것이 양액의 양인데, 자주 점검할 수 없다면 양액을 담는 용기를 처음부터 크게 만들고 자동으로 양액을 공급하는 장치를 갖추거나 양액이 부족할 때 알려 주는 기능이 있어야 합니다.

5. 물은 어떻게 쓸 수 있나?

물은 가까이서 쉽게 받아올 수 있어야 합니다. 만약 물이 멀리 있다면 긴 호스를 준비하거나 물통을 실어 나를 수레가 필요합니다.

6. 온도

가장 더울 때의 온도와 가장 추울 때의 온도를 알 필요가 있습니다. 만약 온도의 범위가 기르려고 하는 식물이 잘 자라는 온도 범위를 벗어난다면 난방이나 냉방을 해야 합니다. 집 안은 대체로 식물이 살기에 적합한 온도 범위를 가집니다. 그래서 고추나 토마토처럼 바깥에서는 겨울을 나지 못하는 식물도 실내에서는 여러 해 키울 수 있습니다.

7. 통풍이 잘 되는가?

통풍이 잘 되지 않으면 식물이 잘 자라지 않고 병에 걸리기 쉽습니다. 재배기 주위는 공기가 잘 흐를 수 있도록 트여 있게 해 줍니다. 만약 어렵다면 작은 팬을 달거나 선풍기를 놓아서 공기의 흐름을 만들어 줍니다. 이때 바람이 너무 강하면 잎의 기공을 닫아 이산화탄소를 잘 흡수할 수 없게 되어 광합성을 방해합니다. 바람을 불어 준다는 느낌보다는 공기의 흐름이 생기게 해 준다는 느낌으로 해 주는 것이 좋습니다.

8. 수경재배기를 이용하여 진행하고 싶은 활동은?

관상용, 식용, 교육용 등 사람마다 식물을 기르는 목적은 다양합니다. 수경재배기를 설치하여 식물을 기르는 경우 용도에 맞게 재배기를 만드는 것이 좋습니다. 가령 교육용으로 식물의 뿌리를 관찰하고 싶다면 투명한 용기에 양액만으로 키우는 방식이 좋습니다.

"박사님, 집에 수경재배기 좀 만들어 주세요."

혹시 수경재배 전문가라고 강의하러 오신 박사님이 가정용 수경재배기 만들기 실습을 한 적이 있는지 생각해 보세요. 집은 식물공장과 다른 환경입니다. 집의 목적은 사람이 사는 것이고, 식물공장의 목적은 식물을 키우는 것입니다. 또한 식물공장과 관련해서 일하는 박사님에게도 식물공장은 '현장'이고, 대부분의 일은 식물공장보다는 사무실에서 합니다. 그리고 식물공장에 있는 재배기들은 박사님들이 직접 만들지 않습니다. 그러므로 박사님들은 재배기의 부품 하나하나에 대해서는 잘 모르고, 부품과 공구를 갖다 놓고 만들라고 해도 잘 못 만듭니다. 또, 가정에서 식물을 키워 보면서 여러 경험을 해 보지 않았다면 가정에 적합한 재배기를 만들기 어렵습니다. 집에는 식물공장처럼 제어판, 자동 추비 장치, 원액 탱크, 산 · 알칼리 탱크, 배양액저장조를 둘 곳이 없으며, 둔다 하더라도 그 공간의 목적을 크게 위협합니다.

이것들은 자동화에 필요한 것들인데, 가정에서는 사람이 직접 처리하기 때문에 말통, 전자저울, 스푼, 수경재배용 비료, 컵 등으로 간단히 대체할 수 있습니다. 말통을 제외한 도구들은 비닐봉지나 작은 통에 담아 서랍에 넣어 둘 수 있는 부피입니다. 이처럼 식물공장에서 적용되는 기술이 집에서는 쓸 수 없는 것이 많기 때문에 집에서는 집에 적합한 기술이 필요한 것입니다.

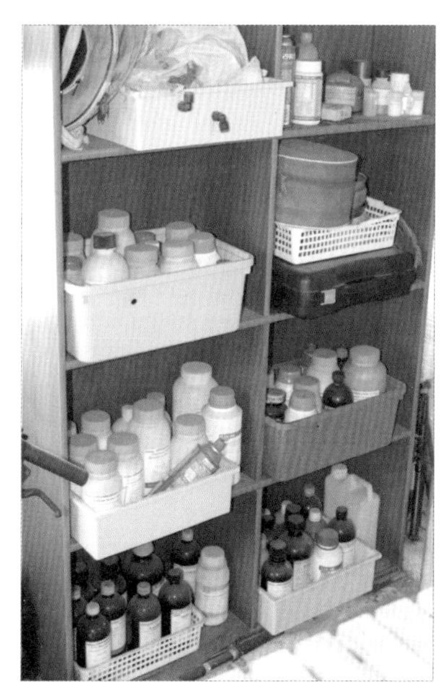

그림 3-1
생활수경재배 강좌에서 이러한 약품으로 양액을 만드는 교육을 할 때가 많다. 집안에서 소소하게 식물을 키우는 데에는 불필요한 일이다.

공구와 기본적인 가공법

저는 이 책에서 가능하면 공구를 사용하지 않는 방법을 소개하려고 애썼습니다만, 용도에 맞는 재배기를 만들려면 어느 정도는 공구의 도움을 받아야 합니다. 책에서 다루는 공구들은 웬만하면 집에 있을 법한 것들이며, 혹시 없더라도 옆집에서 빌리거나 주민센터의 공구 대여 제도 등을 이용하여 큰 어려움 없이 사용할 수 있는 것들입니다.

여기서는 재배용기나 트레이로 사용하는 수납함에 호스를 연결하는 방법과, 우드락에 포트용 구멍을 뚫는 방법을 소개합니다. 이 방법을 익혀 두면 소규모의 재배 시스템을 만들 때에도 유용하게 활용할 수 있습니다. 칼, 가위, 자 등 일상에서 자주 접하는 도구에 대한 설명은 생략합니다.

공구를 사용해 보신 분들은 여기서 소개드리는 내용이 쉬운 일일 수도 있으나, 그렇지 않은 분들은 선뜻 따라 하기가 어려울 수도 있습니다. 만일 소개드린 방법이 어려우신 분은 1장의 '재배기의 실례'에 소개된 재배기 중 공구를 사용하지 않고도 만들 수 있는 재배기를 선택하시기 바랍니다. 키우는 과정에 약간의 불편함이 있을 수 있으나 충분히 식물을 잘 키울 수 있고, 식물이 잘 자라는 것을 확인하면 더 좋은 재배기를 장만하고 싶은 마음도 생길 겁니다.

1. 용기에 구멍을 뚫어 호스 연결하기

용기에 구멍을 뚫어 그대로 사용하거나 호스를 연결하는 것은 수경재배를 하면서 자주 필요한 일입니다. 그 방법에 대해 설명합니다.

먼저 필요한 공구와 소모품을 준비합니다. 그림에서 왼쪽부터 네임펜, 척(chuck), 척 조이는 키(key), 목공용 드릴 비트(직경 12mm), 카운터 싱크(countersink), 커터칼, 원터치 피팅(위), 테플론 테이프(아래), 전동 드라이버, 자(아래)입니다. 전동 드라이버가 아니라 전동드릴을 사용할 때는 고속으로 돌면 플라스틱이 깨지기 쉽고 다칠 수가 있으니 저속으로 맞출 수 있는 것을 사용하시기 바랍니다. 가능하면 파워도 약한 것이 좋습니다. 저는 가벼운 소형 전동 드라이버에 척을 사용하여 드릴로도 사용합니다. 전동 드릴은 척이 포함되어 있기 때문에 척을 별도로 준비할 필요가 없습니다.

그림 3-2
수납함에 구멍을 뚫고 호스를 연결하기 위해 필요한 공구와 소모품

❖ 용기의 선택

수경재배에 쓰일 플라스틱 용기는 잘 깨지지 않는 무른 재료를 선택합니다. 시중에 파는 대부분의 수납함이 무른 재질이라 적합합니다. 또 용기의 두께가 적어도 1mm 이상 되는 것이 좋습니다. 너무 얇으면 구멍을 뚫는 중이나 사용 중에 깨지기 쉽고, 호스를 연결한 부분에서 양액이 샐 수도 있습니다.

❖ 구멍 뚫을 위치 표시

네임펜과 자를 이용하여 구멍 뚫을 위치를 표시합니다. 어느 면, 어느 위치에 구멍을 뚫을 것인지 생각한 다음 용기의 안쪽 바닥을 살핍니다. 용기 바닥의 두께와 굴곡을 감안해야 합니다. 아래쪽에 구멍을 뚫을 경우 안쪽 바닥으로부터 약 20mm 정도 위가 되는 곳에 네임펜으로 표시합니다. 너무 바닥에 바짝 붙여서 표시해 놓으면 구멍을 뚫다가 드릴 비트가 용기 바닥에 닿을 수 있습니다.

❖ 구멍 뚫기

부품을 끼워야 하는 재배기용 구멍은 직경을 정해 놓고 계속 유지하는 것이 좋습니다. 그래야 구멍에 끼우는 부품의 치수를 한 가지로 통일해서 살 수 있기 때문입니다. 구멍의 크기가 여러 가지이면 부품도 여러 가지를 사야 하기 때문에 비용이 많이 들어가게 되고, 드릴 비트도 그에 맞게 여러 가지를 갖춰야 하는 등 부품의 관리도 복잡해 집니다. 저는 직경을 12mm로 통일해 두었습니다.

그림 3-3(좌)
네임펜과 자를 이용하여 구멍 뚫을 위치를 표시한다.

그림 3-4(우)
목공용 드릴 비트. 직경 12mm인 것이다. 무른 재료를 뚫고 들어가는 힘이 좋다.

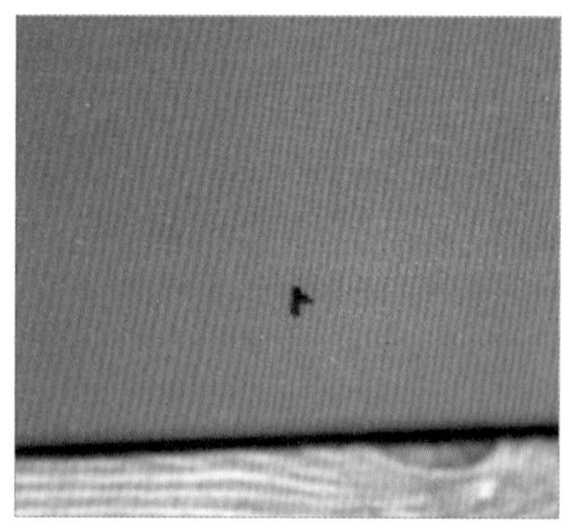

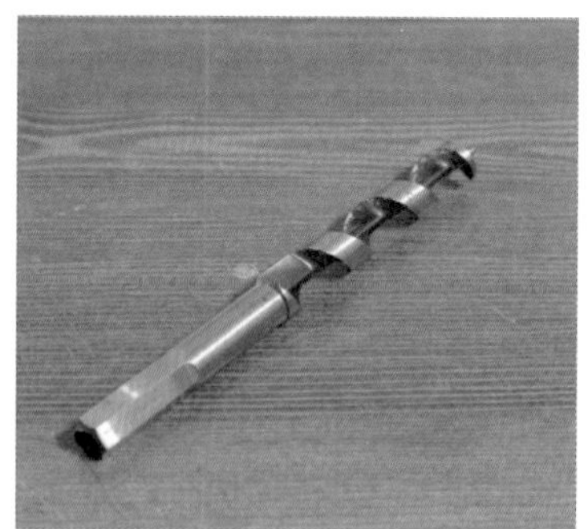

직경이 12mm인 구멍을 뚫는 데에는 목공용 드릴 비트가 좋습니다. 흔히 많이 쓰는 핸드 드릴용 드릴 비트는 직경이 6.5mm 정도가 최대이기 때문에 적합하지 않고, 큰 구멍을 뚫는 데 쓰는 홀 소(hole saw)는 필요한 직경을 가진 것을 구하기 힘들며, 힘을 많이 주어야 하고, 플라스틱 가루가 많이 생깁니다.

그림 3-5(좌)
척에 드릴 비트를 끼우기

그림 3-6(우)
전동 드라이버에 드릴 비트 고정

척에 목공용 드릴 비트를 끼운 후 전동 드라이버에 끼웁니다. 전동 드라이버에 척을 끼울 때에는 스위치를 끄고 합니다. 척이 함께 있는 전동 드릴은 바로 드릴 비트를 끼웁니다.

그림 3-7(좌)
구멍 뚫기. 플라스틱 용기를 벽에 잘 붙여 놓고 한다.

그림 3-8(우)
뚫린 구멍. 잘리지 않은 플라스틱 찌꺼기가 남아있다.

플라스틱 용기를 벽에 잘 붙여서 밀리지 않도록 하고 구멍을 뚫습니다. 목공용 드릴 비트로 무른 플라스틱을 뚫으면 처음에는 끝에 있는 나사못이 파고들어 가다가 날이 플라스틱을 깎으며 빠른 속도로 들어갑니다. 이후에 날의 끝부분에 도달하면 강한 힘이 걸리면서 칼날처럼 구멍을 깎아 내는데, 이때 플라스틱 조각이 떨어져 나옵니다.

❖ 플라스틱 찌꺼기 제거하기

플라스틱 찌꺼기를 없애기 위해 카운터 싱크를 사용합니다. 카운터 싱크도 여러 가지 크기가 있지만 구멍보다는 큰 것을 사용해야 효과가 있습니다. 구멍의 앞뒤에서 돌려 주며 끊어지지 않은 플라스틱 찌꺼기를 끊어 냅니다. 구멍 크기에 꼭 맞는 것이 있으면 아예 구멍을 관통시켜서 깔끔하게 만들 수 있습니다.

그림 3-9(좌)
카운터 싱크. 구멍을 매끈하게 하는 데 사용한다.

그림 3-10(우)
카운터 싱크는 전동 드라이버에 직접 고정할 수 있다.

그림 3-11
카운터 싱크가 구멍 크기에 맞는 것이면 관통시켜서 지저분한 것들을 없앤다.

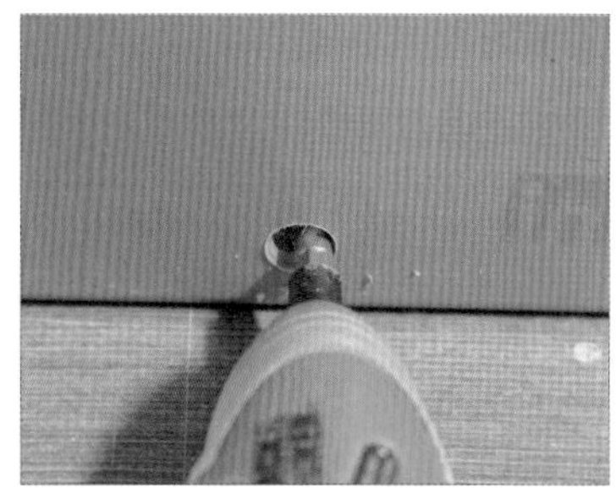

카운터 싱크를 사용한 후에도 남아 있는 찌꺼기는 커터칼이나 니퍼로 잘라 줍니다.

❖ 원터치 피팅에 테플론 테이프 감기

호스를 용기에 고정하는 부품으로 원터치 피팅이란 것이 있습니다. 용도에 따라 여러 종류가 있으며, 아래 그림은 PL형입니다. 파란색의 링이 달려 있어서 누르면 들어가고 놓으면 나오는 식으로 작동하며, 잠금 장치에 연결되어 있습니다. 파란색의 구멍으로 호스를 밀어 넣으면 약 10mm 정도 들어가서 고정되며 그냥 당기면 빠지지 않고, 파란색 링을 누른 채로 당겨야 빠집니다. 호스를 연결하기가 편리해서 많은 곳에 사용됩니다.

뚫어 놓은 구멍에 원터치 피팅을 끼울 때 양액이 새는 것을 막기 위해 원터치 피팅의 나사에 테플론 테이프를 감아 줍니다. 테플론 테이프는 아주 얇은 막으로 되어 있고 변형이 잘 되어 미세한 틈을 메꾸어 줍니다. 약 10회 정도 감습니다.

그림 3-12
테플론 테이프는 틈을 잘 메꾸어서 양액이 새는 것을 막아 준다. 구멍에 돌려 넣을 때 풀리지 않는 방향으로 감아 준다.

❖ 원터치 피팅을 구멍에 끼우기

원터치 피팅을 손으로 잡고 구멍에 돌려 넣습니다. 이때 기울어져 들어가지 않도록 주의합니다. 처음에는 잘 안 들어가지만 일단 나사가 플라스틱을 파고들면 일정한 속도로 들어갑니다. 손으로 돌려 넣기가 힘들면 스패너로 조여 줍니다. 원터치 피팅의 너트가 용기의 벽에 닿고 빽빽하게 되면 멈춥니다. 이 상태에서 계속 세게 돌리면 플라스틱에 패인 나사산이 뭉개지면서 헐렁하게 되니 주의해야 합니다. 처음에 나사가 구멍을 파고들어가지 못하고 자꾸 넘어지면 테플론 테이프를 감지 않은 원터치 피팅을 돌려 넣어 나사산을 만들거나, 구멍을 좀 더 다듬거나, 테플론 테이프를 조금 풀어 자른 후에 해 봅니다. 그림 3-13은 원터치 피팅을 고정한 모습이고, 그림 3-14는 여기에 투명 우레탄 호스를 끼운 모습입니다. 원터치 피팅의 ㄱ자로 된 부분은 방향을 돌릴 수 있습니다. 원터치 피팅의 끝을 아래로 향하게 하면 나사를 박은 곳에 구멍이 있는 것과 같은 효과를 가집니다. 원터치 피팅에 호스를 끼워서 위로 향하게 하면 구멍의 위치가 호스 끝에 있는 효과를 가집니다. 투명 우레탄 호스를 끼워서 세우면 양액의 수위를 표시하는 데에 쓸 수도 있고, 호스를 연결하여 양액을 공급하거나 빼내는 데에 사용할 수도 있으니 용기마다 만들어 두면 편리할 때가 많습니다.

그림 3-13(좌)
원터치 피팅을 고정한 모습

그림 3-14(우)
투명 우레탄 호스를 꽂은 모습

2. 우드락에 포트용 구멍 뚫기

포트를 사용하는 재배 방식에서는 포트를 고정하기 위해 판에 구멍을 뚫어 포트를 끼웁니다. 시중에 나온 포트는 끝에 턱이 있어 구멍에 걸치도록 되어 있는데, 대부분 턱이 짧게 돌출되어 있기 때문에 정확한 구멍을 뚫는 일이 필요합니다. 구멍이 조금만 작으면 포트가 들어가다가 걸리고, 구멍이 조금만 크면 포트가 구멍 사이로 빠지거나 흔들리게 됩니다. 포트가 흔들리면 식물이 크게 자랐을 때 넘어지기 쉽습니다.

우드락을 칼로 자를 때 직선은 자를 대고 단번에 자르기 쉽지만 원은 칼을 돌려 가면서 잘라야 하니 깔끔하게 자르기가 쉽지 않습니다. 그나마 얇은 우드락은 괜찮지만 두께가 10mm 정도 되는 우드락에 칼로 원형 구멍을 뚫는 것은 상당히 힘든 작업이고, 결과도 좋지 않습니다. 이 문제를 해결하기 위해 열선 커터기로 우드락을 자르는 방법이 있습니다. 열선 커터기는 우드락이 열에 약한 점을 이용하여 니크롬선에 전류를 흘려서 우드락을 잘라 내는 공구입니다. 미술 도구를 파는 곳에 우드락용 열선 커터기를 팔고는 있지만, 작은 것을 가공하는 데에 쓰는 것이라 포트 꽂는 판처럼 큰 것에는 적용할 수가 없으므로 직접 만들어야 합니다. 이 책에서 도구를 만드는 것까지 설명하기에는 무리가 있으니 자세한 내용은 제 블로그를[14] 참고해 주시기 바랍니다. 동영상과 함께 소개되어 있습니다.

그림 3-15
수경재배용 포트 중의 하나. 위쪽의 바깥지름이 70mm인데 턱은 불과 1.5mm이다.

---

14) https://blog.naver.com/st4008에서 '기술자료'로 들어가서 '우드락 판에 구멍 뚫어 재배판 만들기'

DWC를 적용한 수경재배기 만들기

DWC(deep water culture)는 그냥 양액에 뿌리를 담궈 놓고 키우는 방식이라 많은 사람들이 제일 처음으로 수경재배를 접하는 방식입니다. 이 방식은 양액에 기포기로 산소를 공급한다고 하더라도 녹을 수 있는 산소의 양에 한계가 있기 때문에 산소를 많이 필요로 하는 식물에는 적합하지 않고, 물에 넣어 두기만 해도 뿌리가 나는 식물에 어울립니다. 잎채소 또한 이 방식으로 잘 키울 수 있습니다.

1. 용기에 꽂아 키우기

그림 3-16
선반 위의 여러 식물들. 오른쪽 손잡이가 있는 컵 외에는 DWC를 적용한 것이다. 디펜바키아, 바질, 고구마가 보인다.

그림 3-17
방 안에 고구마가 자란 모습. 오른쪽 노란색 과자 통에 양액을 넣고 DWC로 키우는 것이다. 고구마 또한 물을 좋아해서 물에 꽂아 두면 며칠 만에 뿌리가 나는 식물이다.

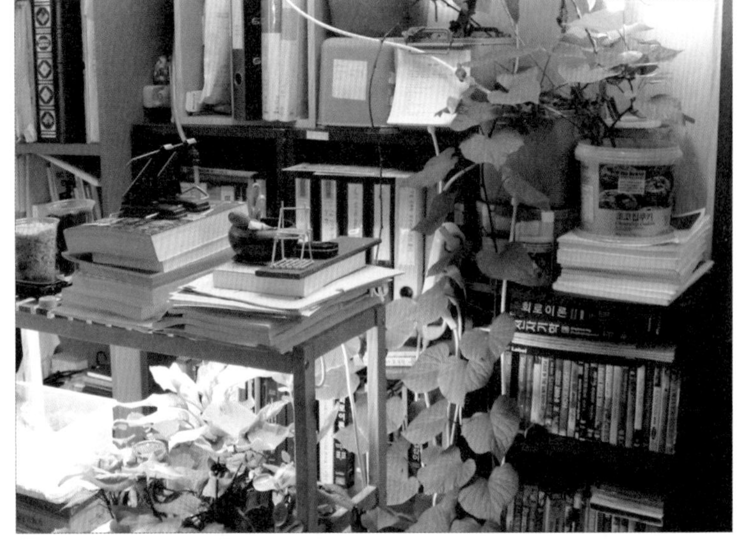

그림 3-18
고구마를 키우는 용기. 과자 통을 이용했다. 양액을 붓고 고구마 줄기를 잘라 담근 것이 전부이다. 벽에는 T5형 LED 바를 붙여 빛을 공급했다.

그림 3-17은 방 안에 고구마가 무성하게 자란 모습입니다. 고구마로 순을 낸 다음 그림 3-18처럼 용기에 양액을 붓고 고구마 순을 잘라 넣어 뿌리가 내리게 한 것입니다. 처음에는 일주일에 한 번 정도 양액을 보충하면 되고, 무성하게 자라면 거의 매일 양액을 보충해야 합니다. 무성하게 자라니 매일 약 10cm 이상 양액이 줄어들었습니다.

2. 1.2kg 꿀병과 포트로 5초 만에 재배기 만들기

플라스틱 꿀병으로 많이 파는 것이 1.2kg과 2.4kg짜리인데, 이 중 1.2kg짜리 병에 GG용 포트를 꽂으면 신기하게 꼭 맞습니다(꿀병 입구가 큰 것과 작은 것 두 가지가 있는데, 작은 것이 꼭 맞습니다). 꿀병의 뚜껑을 열고 포트만 끼우면 되니까 정말로 5초만에 수경재배기가 뚝딱 만들어집니다. 뿌리를 관찰하기 위해서는 이대로 투명하게 하는 것이 좋지만, 빛이 들어가면 녹조가 생기기 쉬우므로 불투명한 색으로 칠하거나 불투명한 시트를 붙이는 게 좋습니다. 뿌리 관찰과 녹조방지를 모두 하고 싶으면 불투명한 용기에 넣어 두고 키우다가 뿌리를 보고 싶을 때만 빼내어서 보는 방법도 있습니다. 1.2kg 꿀병은 크기가 다소 작기 때문에 식물의 어린 시절 동안 키우거나 다 자라도 크기가 작은 식물을 키우는 것이 좋습니다.

그림 3-19
1.2kg 플라스틱 꿀병에 GG용 포트(중)을 꽂으면 신기하게 꼭 맞다.

3. 2.4kg 꿀병으로 재배기 만들기

2.4kg 꿀병은 입구가 커서 포트를 지지하는 판을 만들어야 합니다. 앞에서 우드락에 구멍 뚫는 방법을 이용하여 재배판을 만든 다음 포트를 꽂으면 간단히 재배기가 만들어집니다. 재배판을 여러 개 만들어 두면 필요할 때 즉시 재배기를 만들 수 있으므로 편리합니다.

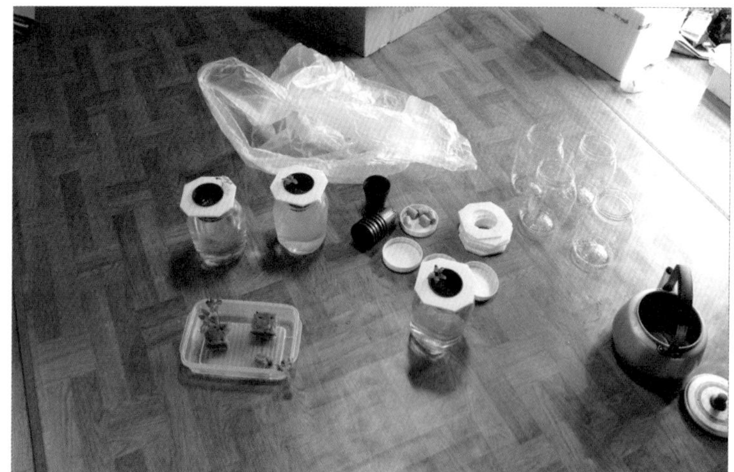

그림 3-20
2.4kg 꿀병에 나팔꽃을 옮겨 심는 모습. 포트를 고정하기 위해 구멍 뚫린 우드락을 사용했다.

그림 3-21
2.4kg 꿀병으로 만든 재배기에 나팔꽃을 심어 계단에 두었다. 일부는 배지를 쓰는 방식도 적용했다.

그림 3-22
중학교 직업체험과정을 하면서 만든 재배기

위의 것은 중학생 대상으로 직업체험과정을 진행하면서 만들었던 재배기입니다. 구조가 간단하기 때문에 다양한 용기로 이와 비슷하게 응용할 수 있습니다.

4. 사각선반을 이용하여 빛 공급하기

실내에서 작은 식물을 키우고 싶지만 어두워서 식물이 잘 자라지 않을 경우 사각선반을 이용하면 편리합니다. 사각선반에 식물을 두고 윗부분에 LED를 달면 그것만으로 훌륭한 재배기가 되며, 실내 장식용으로도 좋습니다. 아이비, 금사철, 개운죽, 트리안 등 빨리 자라지 않는 식물에 적합한 방법입니다.

그림 3-23
시중에 팔고 있는 선반을 이용한 수경재배기. 왼쪽은 뒤가 막힌 것이고 오른쪽은 뚫린 것이다.

5. 수납함을 이용한 재배기 만들기

한꺼번에 여러 식물을 기르고 싶다면 수납함과 재배판을 이용하는 것이 좋습니다. 그림 3-24는 시중에 팔고 있는 15L 수납함을 이용하여 만든 재배기인데, 안쪽에 턱이 져 있어 재배판을 걸치기가 쉽습니다. 재배판이 수납함 안쪽에 걸쳐지기 때문에 실수로 재배판에 양액이 흘러도 수납함 안으로 흘러들어 갑니다. 우드락을 사서 수납함 입구 크기에 맞게 자른 후 앞에서 설명한 방법대로 포트용 구멍을 뚫으면 간단하게 만들 수 있으며, 웬만한 잎채소는 이 방법으로 잘 자랍니다. 양액의 양을 쉽게 확인하기 위한 수위계와 산소를 공급하기 위한 에어 펌프를 달아 주면 더 좋습니다. 수위계는 앞서 설명한 것처럼 수납함에 구멍을 뚫어 원터치 피팅을 끼워 넣고, 투명한 우레탄 호스를 연결하면 만들 수 있습니다. 수위계용 호스와 에어 펌프의 호스를 고정하기 위해서 전선을 고정하는 홀더와 조그마한 행거를 사용했습니다. 에어 펌프 끝에는 콩돌을 끼워 기포가 잘 생기도록 합니다. 에어 펌프와 콩돌은 수족관 용품 파는 곳에 있습니다.

그림 3-24
수납함을 이용한 DWC 방식의 재배기. 쌈케일이 자라고 있다.

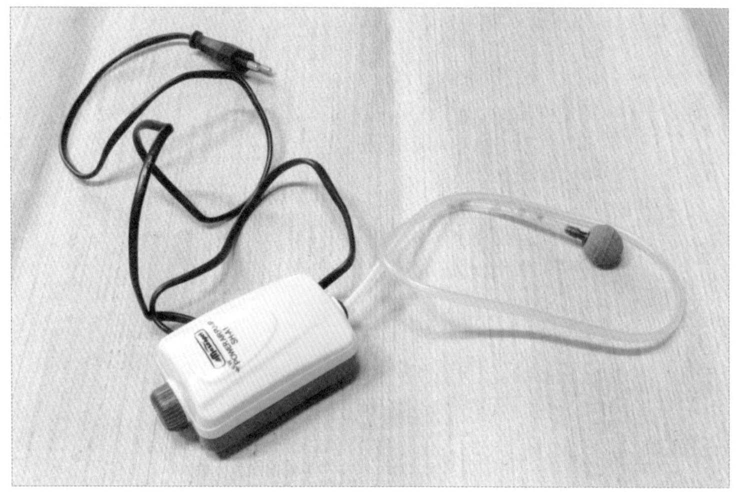

그림 3-25
에어 펌프에 에어호스를 꽂고, 끝에 콩돌을 끼운 모습. 콩돌은 여러 개의 작은 기포가 만들어지게 한다.

재배판이 허전하면 그림 3-26처럼 장식을 해 볼 수도 있습니다. 수납함에 딸려 있는 덮개에 전기인두로 구멍을 뚫고 정확한 포트 구멍을 가진 판을 붙입니다. 글루건으로 포트 구멍 주변에 큰 난석을 돌아가며 붙여서 마치 연못과 같은 느낌을 냅니다. 나머지는 나무판자와 나무 조각 남는 것으로 붙이고, 팔고 있는 소품을 얹어서 옥상 정원처럼 꾸몄습니다.

그림 3-26
수위계, 에어 펌프를 갖춘 재배기. 재배판에도 장식을 해 보았다. 파프리카와 같은 큰 식물을 키우기 위해 수납함도 60L로 깊은 것을 사용했다.

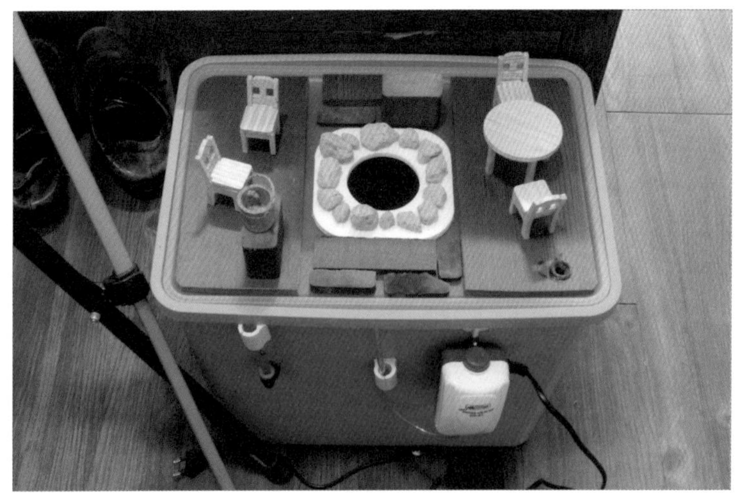

6. 재배판이 필요 없는 방식

재배판은 포트의 위치를 고정하여 뿌리에 넓은 공간을 주는 역할을 합니다. 하지만 포트를 꽂기 위해 구멍을 뚫는 일은 어느 정도의 손재주와 도구가 필요합니다. 이번에는 재배판을 이용하지 않으면서도 재배판이 있는 것과 같은 효과를 내는 방법을 소개합니다.

그림 3-27
쓰레기통에 양액을 넣어 벼를 키우는 모습. 최대 수위를 넘지 않도록 옆에 구멍을 뚫어 두었다.

그림 3-28
그림 3-27의 내부. 식물이 아직 어릴 적 모습이다. 모종용 암면에서 싹을 틔운 다음 암면 블록에 넣고, 어묵 꼬치로 고정했다.

위 그림은 쓰레기통에 암면을 고정하여 벼를 키우는 모습입니다. 포트를 사용할 경우 포트가 플라스틱으로 되어 있기 때문에 고정하기 위해서 재배판이 필요하지만, 암면 블록은 솜뭉치처럼 되어 있어 막대를 찔러 꽂을 수 있습니다. 옥상에서 기를 경우에는 강우를 대비하여 정한 수위 이상이 되지 않도록 쓰레기통 옆에 구멍을 뚫어 줍니다. 억수같이 비가 와서 일시적으로 빗물에 잠길 수는 있지만 비가 그치면 물이 빠져나가 결국은 구멍까지만 물이 차게 됩니다. 나무 구조물 위에 두는 이유는 여름철 옥상 바닥의 열기를 피하기 위해서입니다. 이 방식은 하나의 재배용기에 여러 그루의 식물을 고정하기는 힘들기 때문에 재배용기 하나에 식물 하나를 키우는 방식에 적합합니다. 고추, 가지, 토마토, 벼와 같이 물을 좋아하고 크게 자라는 식물에 어울립니다.

지금까지 DWC를 적용한 재배기 만드는 법을 소개해 드렸습니다. 만들기 쉬우면서도 물을 좋아하는 식물은 이 방법으로 잘 자라니 많이 활용하세요.

배지를 사용하는 간단한 재배기 만들기

1. 배지의 의미

토양은 물, 양분, 공기를 모두 가지고 있습니다. 양액만을 이용하는 방식에서는 양액이 토양의 물과 양분을 맡고, 에어 펌프와 기포기가 토양의 공기를 맡습니다. 배지를 사용하면 건조한 배지가 공기를 맡고, 양액은 물과 양분을 맡습니다. 물론 양액에 젖은 배지는 토양과 같이 물, 양분, 공기를 다 제공해 주어 토양을 대체합니다. 그러니까 배지를 사용하면 양액만으로 키울 때 필요한 수중 펌프, 양액용 호스, 에어 펌프, 기포기, 콩돌 등이 필요 없게 됩니다.

노지의 토양은 물, 양분, 공기를 다 갖추고 있지만 양분의 농도가 적절한지, 각 성분끼리의 비율이 맞는지를 알기가 어려운 문제가 있습니다. 비록 안다고 할지라도 작물에 맞추어 비율을 맞추는 게 쉬운 일이 아닙니다. 대부분의 인공 배지는 영양이 없는 상태이기 때문에 양액의 조성이 그대로 적용되어 이러한 문제를 피할 수 있습니다.

또한 배지를 사용하면 용기에 물 빠짐 구멍이 없어도 됩니다. 일반적인 토양에서는 공기가 주로 토양의 떼알 사이에 있습니다. 물을 부으면서 떼알이 부스러지면 작은 입자들이 떼알 사이의 틈을 막게 되어 공기가 잘 통하지 않게 됩니다. 반면 버미큘라이트, 펄라이트, 황토볼과 같은 인공 토양은 모두 알갱이 사이의 틈뿐만 아니라 알갱이 자체가 공기를 잘 머금을 수 있는 다공질 구조를 가지고 있습니다. 실제로 투명한 컵에 질석을 넣고 물을 부어 보면 물이 흥건하게 차 있는 상태에서도 질석 사이에 공기가 많이 있음을 보게 됩니다. 또, 분명히 구멍이 뚫리지 않은 컵인데도 조금 시간이 지나면 흥건하게 고여 있던 물이 줄어든 것을 볼 수 있습니다. 물이 질석 알갱이로 스며들면서 질석 알갱이 사이의 공간이 다시 공기로 채워지기 쉬운 상태로 변합니다. 이와 같은 이유로 용기에 구멍을 뚫지 않고도 질석을 채우고 양액을 공급하여 식물을 키울 수 있습니다.

다만 건조한 곳을 좋아하는 식물은 이렇게 키울 수 없으니 펄라이트를 사용하는 게 좋습니다.

2. 테이크아웃컵이나 유리컵으로 만들기

물을 싫어하는 식물이 아니라면 테이크아웃컵이나 유리컵에 버미큘라이트를 넣고 양액을 공급하면서 키울 수 있습니다. 버미큘라이트가 흙과 비슷한 느낌이 나기 때문에 미관상 싫다면 조약돌을 얹어서 예쁘게 만들 수 있습니다. 알로에, 선인장 등과 같이 건조한 땅을 좋아하는 식물은 펄라이트를 이용하여 같은 방식으로 키울 수 있습니다. 유리컵 외에 손잡이가 부러진 커피잔, 작은 깨짐이 생긴 그릇, 일회용 국그릇, 고추장 통, 쓰레기통, 페트병 등을 재활용할 수도 있습니다.

그림 3-29(좌)
테이크아웃컵에 배지를 넣고 키우는 트리안. 스탠드의 빛과 창문 차양을 통과하여 들어오는 빛으로 자라고 있다.

그림 3-30(우)
유리컵에서 키우는 바질. 이것을 꺾꽂이하여 지금은 강의용으로 다섯 그루의 바질을 키우고 있다.

3. 비닐봉지로 만들기

그림 3-31은 미숫가루 봉지에 버미큘라이트를 넣고 옥상 계단 난간에 매달아 키우는 모습입니다. 여름철 옥상의 열기가 직접 전달되지 않게 끈으로 매달아 놓았습니다. 담에 매달아서 키우는 것도 이러

한 방식의 변형이라 할 수 있습니다. 옥상 바닥의 열이 직접 닿지 않도록 구조물을 만들고 그 위에 올려놓는 방법도 있습니다. 식물이 자라고 배지가 젖으면 무게가 꽤 나가기 때문에 비닐봉지는 튼튼한 것을 사용합니다. 쌀을 담는 비닐봉지가 대표적으로 튼튼합니다. 비닐봉지는 접으면 부피가 작으니까 쓰지 않을 때 보관하기가 좋습니다. 특히 이동하면서 생활하는 환경에서 이 방법이 좋습니다. 또 매달아 사용하기 때문에 벽이나 축대같이 일반적인 방법으로는 텃밭을 만들 수 없는 곳에 별다른 구조물을 만들지 않고도 수직으로 텃밭을 만들 수 있습니다. 실내에서 기를 경우에는 빗물을 빼내기 위한 구멍을 뚫지 않아도 됩니다. 비닐봉지 외에 플라스틱 용기로도 같은 방식으로 식물을 키울 수 있습니다.

그림 3-31
지퍼백을 옥상 난간에 매달아 벼를 키우는 모습. 비 오는 것을 대비하여 구멍을 몇 개 뚫어 놓았다.

그림 3-32
지퍼백 속의 모습. 버미큘라이트를 배지로 사용하고 있다.

4. 구멍을 뚫고 배지를 채우는 방식

수납함이나 쓰레기통을 이용하여 간단한 재배기를 만들 수 있습니다. 쓰레기통 아래쪽에 구멍을 뚫은 다음 버미큘라이트를 채우고 식물을 기르면 됩니다. 건조한 땅에서 잘 자라는 식물은 버미큘라이트 대신 펄라이트를 사용합니다. 버미큘라이트가 말라서 푸석푸석해지면 구멍으로 흘러나올 만큼 양액을 충분히 부어 줍니다. 펄라이트를 사용할 때는 펄라이트에 수분이 있다는 것을 느끼지 못할 정도로 건조해졌을 때 양액을 부어 줍니다. 구멍은 직경 5~6mm 크기로 4군데 정도 뚫어 주면 적당합니다. 또는 원터치 피팅을 끼울 수 있도록 큰 구멍을 뚫어 놓고 작은 돌로 막아 놓는 방법도 있습니다. 작은 돌로 막는 것은 구멍으로 배지가 쓸려 나가는 것을 막기 위함이므로 화분에 쓰는 그물망을 사용해도 좋습니다. 원터치 피팅을 끼울 수 있는 구멍을 뚫어 놓으면 필요할 때 원터치 피팅을 끼우고 호스를 연결하여 사용할 수 있어 좋습니다.

그림의 예시는 옥상에서 비가 올 때를 고려하여 만들었기 때문에 양액이든 비든 과다하게 있을 때는 흘려보냅니다. 배지가 있는 방식이기 때문에 여름철 옥상의 고온도 잘 견딥니다. 실내에서는 쓰레기통 아래쪽에 용기를 하나 더 두어서 저면급액법을 사용하면 양액이 흘러나가는 문제를 피할 수 있습니다.

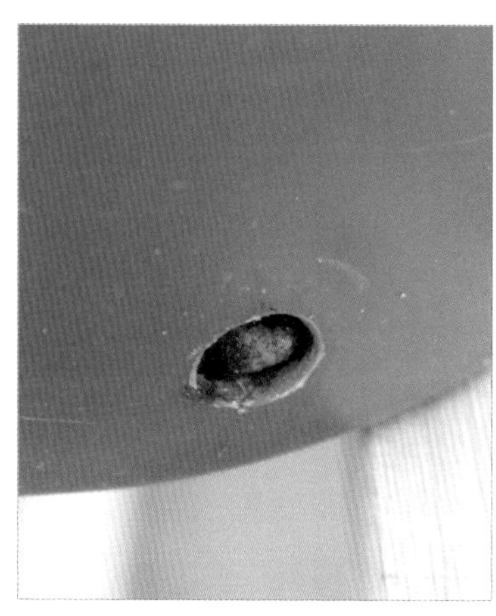

그림 3-33
쓰레기통에 구멍을 뚫어 고추와 토마토를 키우는 모습. 배지로 버미큘라이트를 사용했다.

그림 3-34
쓰레기통에 직경 12mm의 구멍을 뚫고 작은 돌로 막은 모습. 원터치 피팅을 꽂아 놓으면 더욱 편리하다.

5. 수납함과 배지를 이용한 재배기 – 좀 더 편리한 방식

구멍에 원터치 피팅을 끼우고 짧은 호스를 꽂아 두면 여러 모로 편리합니다. 가령 장마철에는 호스를 아래로 향하게 하여 빗물이 잘 빠져나가게 하고, 식물이 크게 자라서 양액의 소모가 많거나 강한 햇살이 내리쬘 때는 양액 소모가 빠르니 양액을 조금 더 머금을 수 있도록 호스 끝을 수납함 높이의 1/3 정도로 올려 줍니다. 그러면 수납함 아래 1/3은 하루 정도 양액이 고여 있게 됩니다. 식물의 뿌리가 양액을 빨리 소모하고 외부의 공기가 채워지기 때문에 뿌리에 산소 공급도 문제없습니다. 다만 양액이 빨리 줄지 않음에도 양액이 많이 고여 있게 하면 뿌리에 산소가 부족해지니 주의해야 합니다.

구멍에 원터치 피팅을 끼워 놓으면 용기가 여럿이 되었을 때 호스를 연결하여 자동화하기도 쉽습니다.

그림 3-35
수납함과 배지를 이용한 재배법. 수납함 아래쪽에 원터치 피팅과 짧은 호스를 연결하여 양액의 양을 조절할 수 있다.

Tip

• 양액을 부을 때 배지가 파이지 않게 하는 법

황토볼, 난석, 펄라이트와 같이 입자가 크거나 양액이 아주 쉽게 빠져나가는 배지는 큰 문제가 없지만 버미큘라이트는 양액을 부어 줄 때 배지가 양액에 의해 파이는 수가 있습니다. 이를 피하기 위해서는 배지 위에 넓적한 돌을 얹어 놓는 게 좋습니다. 돌 위로 양액을 부으면 돌의 면을 타고 양액이 퍼져 나가기 때문에 배지가 파이는 것을 막을 수 있습니다. 또 실외의 경우 배지 겉면이 말라서 바람에 날리거나 굵은 비가 올 때 배지가 튀어 나가는 것, 수분이 급격히 증발하는 것도 막을 수 있습니다. 꼭 돌이 아니어도 되니 여러 가지로 연구해 보세요.

그림 3-36
배지 위에 돌을 얹어 놓으면 여러 모로 편리한 점이 많다.

• 양액을 부을 때 배지가 흘러나와요!

용기에 구멍을 뚫고 배지를 넣어 키우는 방식은 처음에 충분한 양의 양액을 부으면 구멍으로 배지가 흘러나오는 수가 있습니다. 구멍의 크기가 직경 5mm 이하이거나 큰 구멍에 돌을 끼워 놓았다면 다음 번 부터는 거의 흘러나오지 않으므로 큰 걱정을 하지 않아도 됩니다.

5 저면급액법을 이용한 수경재배기 만들기

내 손으로 키우기 위해 간단하면서도 효율 좋은 재배기를 생각한다면 배지에 주목할 필요가 있습니다. 배지는 양액과 공기를 머금고 있다가 뿌리에 전달하는 일을 합니다. 식물에 맞는 배지의 종류를 선택함으로써 뿌리에 적합한 습도를 맞추어 줄 수 있습니다. 가령 선인장같이 메마른 환경이 필요한 식물은 펄라이트를 사용하는 게 좋습니다. 또한 배지는 단열재 역할을 해서 옥상과 같이 한여름 뜨거운 곳에서 재배용기 겉면의 열기가 배지 속까지 전달되는 것을 막아 줍니다.

저면급액법에서는 트레이가 작은 둠벙[15] 역할을 하여 배지에 양액이 너무 많으면 양액이 빠져나와 트레이에 고이고, 양액이 부족하면 트레이의 양액이 배지로 스며들어 갑니다. 배지가 양액을 머금기 때문에 트레이의 양액이 마른 후에 트레이에 양액을 공급하면 되고, 트레이가 말랐는지 확인하면 되므로 공급할 시기를 정확히 판단할 수 있습니다. 저면급액법을 사용하면 별다른 구조물이 필요 없기 때문에 식물이 심어져 있는 포트나 화분을 그대로 트레이에 넣어서 키울 수도 있습니다.

1. 하나의 재배용기와 하나의 트레이로 된 재배기

한 그루의 식물을 키우려면 식물을 심을 용기 하나와 양액을 저장할 트레이 하나가 필요합니다. 재배용기 아래에는 양액이 스며들도록 구멍을 뚫어 줍니다. 트레이는 실내와 실외에서 다르게 만들어야 하는데, 실내는 가공 없이 그대로 써도 되지만 실외에서는 여름철 땡볕과 폭우에 대비해야 합니다. 땡볕이 들면 식물이 양액을 많이 흡수하기 때문에 트레이의 측면이 높아야 하고,

15) 둠벙: 논에 있는 작은 저수지

폭우가 내릴 때 많은 물이 고여 있지 않도록 트레이에 구멍을 뚫어 ㄱ자형 원터치 피팅을 박아 둡니다. 비가 계속 올 때는 원터치 피팅의 끝을 아래로 돌려서 빗물을 빠져나가게 합니다. 구멍을 뚫고 원터치 피팅을 끼우는 것은 '공구와 기본적인 가공법'에 소개했습니다.

그림 3-37
거실에서 키우는 알로에. 쓰레기통 바닥에 구멍을 뚫어 재배용기로 사용했고, 일회용 국그릇을 트레이로 사용했다. 배지는 펄라이트를 사용했다.

그림 3-38
옥상에서는 여름철 뙤약볕과 폭우에 대비해서 트레이를 깊은 것으로 쓰고, ㄱ자형 원터치 피팅을 고정한다.

하나의 재배용기와 하나의 트레이로 구성된 저면급액 방식의 재배기 만드는 법을 소개합니다.

① 재배용기의 아래쪽에 구멍을 4개 정도 사방으로 뚫습니다. 테이크아웃컵과 같이 작은 용기는 송곳으로 뚫으면 되고, 플라스틱 휴지통과 같은 것은 전동 공구로 직경 5mm 정도 되는 구멍을 뚫습니다. 실외에서 키울 때는 빗물이 빠져나가도록 배지 바로 위에도 구멍을 뚫어 줍니다.

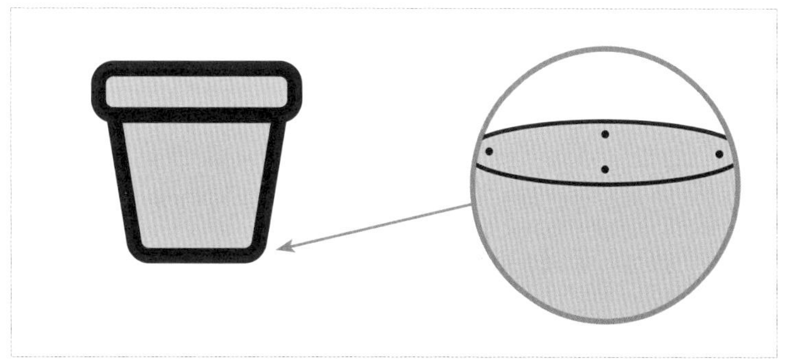

그림 3-39
재배용기에 구멍 뚫기. 바닥이나 옆에 사방으로 구멍을 뚫는다.

② 식물을 넣어 보아 줄기와 뿌리의 경계가 되는 점이 용기 높이의 90% 정도 되도록 맞추고 뿌리 아래쪽의 위치를 용기 안쪽에 표시해 둡니다. 뿌리 아래쪽이 용기 바닥에 닿으면 용기가 작은 것이니 더 큰 용기를 사용합니다.

그림 3-40
깊이를 가늠하여 표시한다.

③ 표시한 높이까지 배지를 채웁니다.

그림 3-41
표시한 높이까지 배지를 채운다.

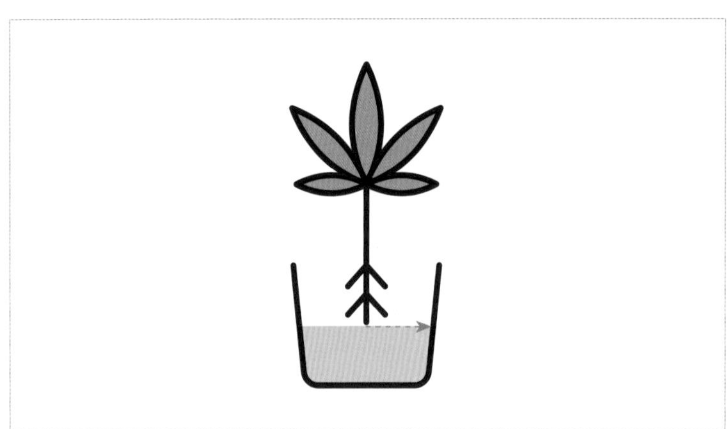

④ 트레이에 용기를 올려놓고 양액이 흘러나올 때까지 배지에 양액을 부어 줍니다.

그림 3-42
양액이 흘러나올 때까지 부어 준다.

⑤ 식물을 용기에 넣고, 나머지 공간을 배지로 채웁니다. 한 손으로 식물을 잡고, 컵 같은 것에 배지를 담아서 뿌리 주변에 골고루 뿌려 줍니다.

그림 3-43
식물의 위치를 맞추고 뿌리 주변을 배지로 채운다.

⑥ 구멍으로 양액이 흘러나올 때까지 양액을 뿌리거나 붓습니다.

그림 3-44
다시 양액이 흘러나올 때까지 붓는다.

⑦ 기를 곳으로 옮깁니다.

그림 3-45
식물의 위치를 맞추고 뿌리 주변을 배지로 채운다.

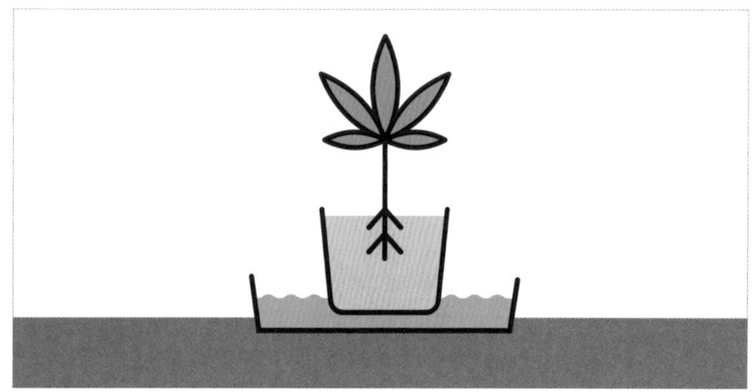

Tip 관리법

이후에는 트레이에 양액이 완전히 말랐을 때 배지 높이의 1/5 정도 되게 양액을 부어 줍니다. 트레이에 양액이 남아 있는데도 계속 보충하게 되면 재배용기의 아랫부분이 양액에 계속 잠겨 있게 되어 뿌리가 죽을 수 있습니다. 트레이가 말랐을 때에도 배지는 양액을 머금고 있기 때문에 며칠 정도는 양액 보충 없이 충분히 견딥니다. 배지가 약간 말랐을 때 양액을 주는 것이 가장 좋지만 자칫 양액 줄 시기를 놓치면 안 되기 때문에 트레이의 양액이 말랐을 때 주라고 하는 것입니다.

그림 3-46
마을 만들기 사업으로 성북청소년문화공유센터에 심은 그린 커튼. 직원이 교육받은 대로 트레이에 양액을 붓고 있다.

그림 3-47
실외에서 키운다면 트레이에도 물 빠짐 구멍을 하는 것이 좋다.

실내에서는 필요 없지만 실외에서는 트레이에 빗물을 빼기 위한 구멍이 필요합니다. 바닥에서 2~3cm 되는 곳에 구멍을 뚫어 줍니다. 원터치 피팅을 꽂아 두면 양액의 수위를 조절하는 데 편리합니다.

그림 3-46은 쓰레기통과 일회용 국그릇을 이용하여 나팔꽃으로 그린 커튼을 만든 재배기입니다. 실외에서 기르고 있습니다만 나무틀 안이 좁아서 트레이로 사용하는 그릇도 작은 것을 사용했습니다. 이렇게 하면 트레이에 고이는 양액의 양이 적으므로 자주 점검해야 하지만 비가 많이 와도 트레이에 고이는 양이 적기 때문에 빗물이 오래 고여 있어서 생기는 문제를 피할 수 있습니다.

그림 3-47은 원터치 피팅을 달아 장마철에 빗물을 빼내고 있는 모습입니다. 입구를 아래쪽으로 하면 원터치 피팅을 고정하는 구멍 높이까지만 물이 찹니다. 반대로 뙤약볕으로 식물이 양액을 많이 흡수할 때는 원터치 피팅의 입구를 위쪽으로 돌리면 수위가 위쪽으로 올린 입구까지 설정됩니다. 비가 올 때는 아래로 향하게 하여 빗물을 빼내고 맑은 날에는 위로 향하게 하여 보유하는 양액의 양이 많도록 하는 것입니다. 짧은 호스를 연결하여 호스 끝을 위로 향하게 하면 호스의 끝까지 양액을 채울 수 있어 더욱 효과적입니다. 구멍을 뚫고 원터치 피팅을 끼우는 것은 '공구와 기본적인 가공법'에 소개했습니다.

2. 여러 식물을 한꺼번에 관리하는 재배기 만들기

식물이 여러 그루 있을 때 하나씩 확인하여 양액을 주는 것은 피곤한 일입니다. 이럴 때 넓은 트레이를 사용하여 한꺼번에 양액을 공급하는 방법을 사용하면 편리합니다.

그림 3-48
수납함에 여러 개의 테이크아웃 컵을 넣어 한꺼번에 양액을 공급하는 방식

그림 3-49
플라스틱 꿀병을 이용하여 키우는 적겨자와 적오크린상추. 아래에 보리와 메리골드도 보인다.

위 그림은 값싼 수납함을 트레이로 사용하고, 테이크아웃컵이나 꿀병을 재배용기로 사용한 예시입니다. 꿀병은 1.2L인 것을 사용했는데, 기르다 보니 크기가 작아서 2.4L인 것으로 옮겨 심었고 두 번째 키울 때부터는 처음부터 2.4L[16] 꿀병을 사용했습니다. 꿀병은 '플라스틱 2.4kg 꿀병'으로 인터넷에서 많이 팔고 있습니다. 1.2L인 것은 15개 한 박스, 2.4L인 것은 12개 한 박스로 파는 것이 있습니다.

그림 3-50
하나의 트레이에 여러 재배용기를 사용하는 방식은 재배용기 하나씩을 움직일 수 있어 배치를 변경하거나 수확할 때 편리하다.

16) 담을 수 있는 용량으로 'L' 단위를 쓰는 것이 적합한데, 시중에서는 'kg' 단위를 상품명에 사용하는 예가 많습니다.

하나의 트레이에 여러 재배용기를 사용하는 방식을 사용하면 비를 피해서, 또는 그늘에서 수확할 수 있습니다. 식물끼리 겹쳐 있어 수확하는 데에 방해가 되는 일도 피할 수 있고 식물의 배치를 바꿀 수 있는 점도 매우 큰 장점입니다.

그림 3-51
저면급액법으로 키우는 민트. 화분을 그대로 트레이에 넣고 양액을 공급했다. 에어컨 실외기 위에 두면 전기 절약의 효과도 있다.

위는 시중에 팔고 있는 화분을 그대로 트레이에 넣고 양액을 공급하여 키우는 모습입니다. 옮겨 심는 수고 없이 편하게 키울 수 있습니다.

Tip

배지의 선택

대부분의 식물은 배지로 버미큘라이트를 사용하면 문제없이 자라지만 물 빠짐이 좋은 사질 토양에서 잘 자라는 식물들은 펄라이트를 이용하는 게 좋습니다. 펄라이트는 버미큘라이트에 비해 훨씬 적은 양의 양액만 머금고 있기 때문에 배지 속의 습도를 낮게 유지하므로 사막이나 메마른 땅에서 잘 자라는 식물에게 제격인 배지입니다.

3. 미니 수직텃밭 만들기

앞에서 재배용기와 트레이로 식물을 키우는 방법을 소개했는데, 트레이가 많아지면 선반을 이용하여 수직으로 쌓아올려서 훌륭한 미니 수직텃밭을 만들 수 있습니다. 아래 그림은 시중에 팔고 있는 나무 신발장을 수직 3단으로 쌓아서 만든 수직텃밭입니다. 못 쓰게 된 가구 등을 활용해도 좋습니다. 옥상에 텃밭을 만들기 위해서는 우선 텃밭을 만들 공간이 있어야 하고, 방수 작업, 텃밭 틀 만들기, 흙 넣기, 거름 넣기를 해야 합니다. 또한 물을 주기 위해 수도꼭지에 긴 호스를 연결하여 물을 뿌리거나 빗물 탱크에 물을 받아두고 펌프를 돌려 호스로 물을 주는 것이 일반적입니다. 옥상 텃밭은 흙이 깊지 않아 물을 많이 머금을 수 없는데, 빛이 잘 들고 바람이 많이 불기 때문에 흙이 빨리 말라서 물을 자주 주어야 하고 들어가는 물의 양도 노지 텃밭에 비해 많습니다. 반면 아래와 같은 수직텃밭에서는 아침에 한 번 살펴보아 양액이 말라 있는 트레이에만 깊이 3cm 정도 되게 양액을 부어 주는 것으로 끝납니다. 식물이 자라는 데에 필요한 부분에만 양액을 공급하기 때문에 물 소비도 적습니다.

그림 3-52
구조물을 이용하여 수직으로 쌓아 올리면 훌륭한 수직텃밭이 된다. 서울시 석관동 미리내도서관 옥상에 설치했던 것이다.

이럴 땐 어떡하지?

식물이 잘 자라고 있다가 어느 때부터인가 트레이에 양액을 부어 주는데도 배지가 젖지 않고 물을 주지 않은 식물처럼 잎이 축축 늘어지는 현상이 나타날 수 있습니다. 이런 현상은 배지 속에 뿌리가 꽉 차서 양액의 흐름을 방해하기 때문에 일어납니다. 이때는 더 큰 재배용기로 옮겨 심어 계속 키울지 아니면 재배를 끝낼 것인지 선택해야 합니다. 원예용이라면 당연히 옮겨 심어야 할 것이고, 먹는 식물은 응급조치로 배지 위에 양액을 부어 줌으로써 좀 더 키우면서 씨앗을 심거나 모종을 준비하는 등의 새로 키울 준비를 합니다. 이렇게 버티다가 새롭게 키우는 식물이 먹을 만큼 자라면 키우던 것을 정리합니다. 같은 종을 다시 키우는 경우 먼저 키웠을 때 재배용기가 너무 작았다 싶으면 다음부터는 더 큰 것으로 준비하세요.

6 그 밖의 실험적인 재배기들

1. 두 개의 양액용기를 이용하는 방법

아래의 그림들은 포장에 쓰이는 완충재를 이용하여 수경재배기를 만든 것입니다. 물에 풀리지 않는 재료이니 수경재배용 배지로 사용할 수 있습니다. 그림 3-54를 보면 재배용기를 테이크아웃컵으로 받쳐 높게 만들었습니다. 재배용기의 아래쪽 옆에 구멍을 뚫고 빨대를 꽂은 다음 글루건으로 고정했습니다(그림에서 왼쪽 노란색으로 튀어나온 부분입니다). 그릇 두 개를 준비하여 하나에 양액을 부을 때 다른 하나는 흘러나오는 양액을 받습니다. 포장 완충재에 양액이 적셔져 있고, 틈에는 공기가 있어 뿌리가 자라기에 적합한 환경이 됩니다. 다음날은 그릇의 위치를 바꾸어 똑같이 해 줍니다. 강낭콩을 이렇게 키워서 꽃이 피고 열매를 수확했습니다.

그림 3-53(좌)
포장 완충재로 쓰이는 그물망. 물에 풀리지 않으면 수경재배용 배지로 쓸 수 있다.

그림 3-54(우)
포장 완충재를 이용한 간단한 수경재배기. 용기의 아래쪽에 구멍을 뚫고 대롱을 달아 양액이 흘러나오게 한다.

그림 3-57은 앞에서 설명한 것과 같은 방식을 수납함에 적용한 것입니다(오른쪽 재배기). 호스를 길게 하여 양액을 받는 용기까지 연결하는 것으로 간단히 만들 수 있습니다. 실외에서도 적용이 가능합니다 다만 햇빛과 바람으로 증발하는 양이 많아지기 때문에 양액을 받는 용기에 덮개를 씌워야 합니다.

그림 3-55
포장 완충재로 키운 강낭콩이 자라서 '2016 성북아동청소년 창의 방앗간'에 소개되었다.

그림 3-56
포장 완충재를 배지로 사용하여 키운 콩에서 꽃이 피고 열매도 맺혔다.

그림 3-57
실내에서는 흘러나오는 양액을 받았다가 다시 부어 주는 방식을 사용할 수 있다. 청월피망을 키우는 모습

2. 배지와 심지를 이용하는 법

수납함과 같이 양액을 담아 둘 넓은 트레이를 사용하기 곤란하거나 자주 양액을 공급하기 어려울 때는 심지를 사용하여 양액을 공급하는 방식을 이용할 수 있습니다. 아래 그림은 페트병 하나로 만들 수 있는 재배기입니다. 자주 양액을 공급하지 않아도 되는 장점이 있지만 만드는 데에 노력이 많이 들어갑니다. 또, 양액을 담아 둔 부분이 온실과 같은 역할을 해서 강한 햇빛에 페트병 속의 온도가 급격히 올라갈 수 있으니 반사와 단열이 되는 재료를 붙여서 방지해야 합니다. 반사와 단열을 위한 재료는 5장의 '온도 관리하기'에 소개되어 있습니다.

이렇게 만드는 재배기는 식물이 자라는 배지의 용적이 작아서 웬만한 식물은 자라면서 뿌리가 자랄 공간의 부족을 느낍니다. 페트병을 업사이클한다는 의미로는 괜찮지만 노력에 비해 실효가 적은 방법입니다. 심지 관수를 배우기 위해 실험적으로 해 보거나 어떤 목적으로 공간에 연출하는 용도로는 좋지만 많은 식물을 크게 키우려고 할 때에는 권하고 싶지 않습니다.

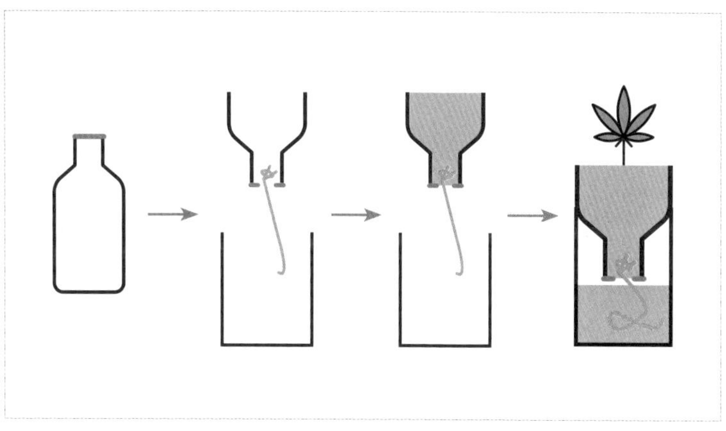

그림 3-58
만드는 것이 번거로운 단점이 있지만, 배지의 용적이 크지 않아 공간이 좁은 곳에 둘 수 있고 양액을 자주 주지 않아도 된다는 것이 장점이다.

3. 배지와 심지를 이용하여 여러 식물을 한꺼번에 키우는 재배기

그림 3-59는 아이들이 페트병에 심은 식물을 실외에서 잘 자라도록 한 것입니다. 페트병에는 식물을 심기 전에 미리 심지를 연결해 두었습니다. 관 위쪽에 구멍을 뚫고 심지를 넣으면 관 속의 양액이 심지를 타고 페트병 속의 배지로 스며들어 갑니다. 그림 3-58과 비교하면 양액을 넣는 부분이 관으로 통합되어 있어 한꺼번에 여러 식물에 양액을 공급할 수 있습니다. 그리고 식물이 자라는 페트병이 관과 떨어져 있어 관 속 양액의 온도가 높아지더라도 심지를 타고 배지로 스며들어 가는 과정에서 식게 됩니다.

그림 3-59
위와 아래에 양액을 담을 수 있는 저장조를 두었다. 위에서 나오는 호스 중간에 밸브를 달아 나오는 양액의 양을 조절한다. 쓰고 남는 양액은 아래의 저장조에 모인다.

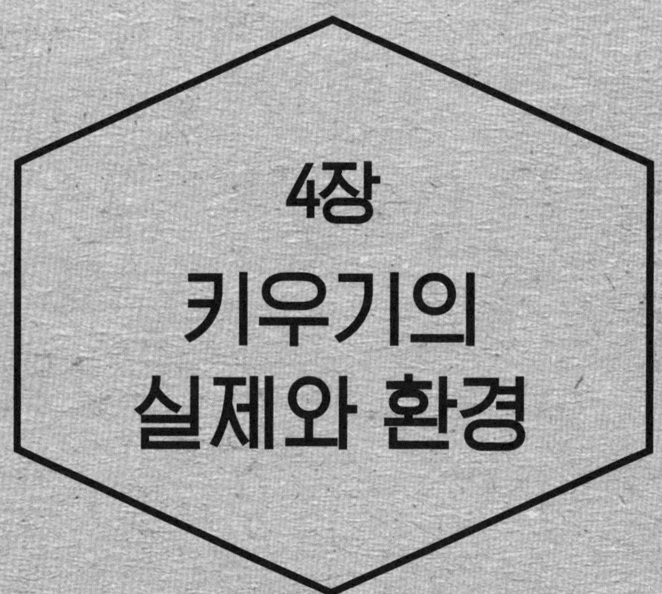

4장 키우기의 실제와 환경

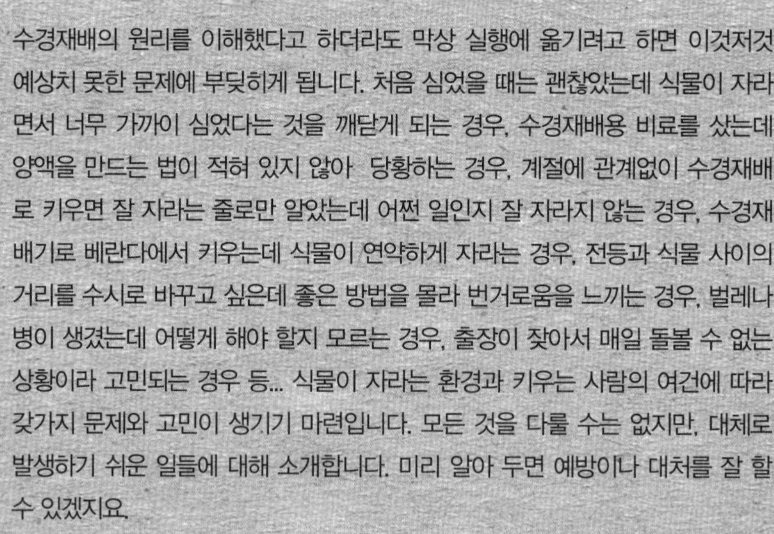

수경재배의 원리를 이해했다고 하더라도 막상 실행에 옮기려고 하면 이것저것 예상치 못한 문제에 부딪히게 됩니다. 처음 심었을 때는 괜찮았는데 식물이 자라면서 너무 가까이 심었다는 것을 깨닫게 되는 경우, 수경재배용 비료를 샀는데 양액을 만드는 법이 적혀 있지 않아 당황하는 경우, 계절에 관계없이 수경재배로 키우면 잘 자라는 줄로만 알았는데 어쩐 일인지 잘 자라지 않는 경우, 수경재배기로 베란다에서 키우는데 식물이 연약하게 자라는 경우, 전등과 식물 사이의 거리를 수시로 바꾸고 싶은데 좋은 방법을 몰라 번거로움을 느끼는 경우, 벌레나 병이 생겼는데 어떻게 해야 할지 모르는 경우, 출장이 잦아서 매일 돌볼 수 없는 상황이라 고민되는 경우 등... 식물이 자라는 환경과 키우는 사람의 여건에 따라 갖가지 문제와 고민이 생기기 마련입니다. 모든 것을 다룰 수는 없지만, 대체로 발생하기 쉬운 일들에 대해 소개합니다. 미리 알아 두면 예방이나 대처를 잘 할 수 있겠지요.

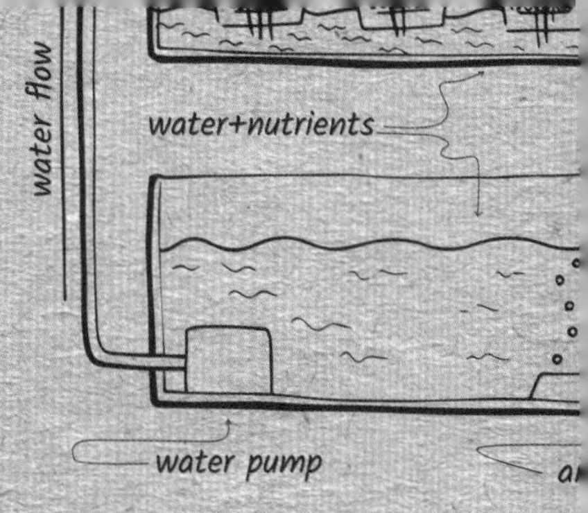
water flow
water+nutrients
water pump

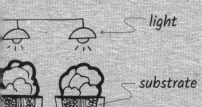

light
substrate

수경재배의 순서

텃밭에서는 계절에 맞추어 식물 재배의 사이클이 돌아가지만 수경재배는 계절에 크게 영향을 받지 않습니다. 한 사이클을 크게 계획 단계와 실행 단계로 구분해서 설명하겠습니다.

1. 계획 단계

텃밭 활동을 할 때에도 식물을 어떻게 키울까 계획을 세웁니다. 밭의 넓이가 얼마이고, 키우고 싶은 식물이 어떤 것이고, 언제 심어야 하고, 간격은 얼마나 두어야 하는지 등을 고려하여 계획에 따라 진행해야 텃밭에 나가서 곤란을 겪지 않습니다.

수경재배에서도 마찬가지입니다. 계획을 세우기 위해서는 전체의 흐름을 아는 것이 중요합니다. 그러나 모든 것을 알고 시작하기는 어렵다는 생각에 앞의 3장에서 '일단 시작해 보자'고 했습니다. 스티로폼 박스든, 테이크아웃컵이든 주변에 있는 것을 사용해서 한두 그루라도 수경재배를 체험해 보는 것이 중요하다고 생각해서입니다. 그러고 나서 규모를 키워서 좀 더 많은 식물을 제대로 키워 보고 싶을 때 계획을 세워서 하는 것입니다. 어떻게 할지 상상하면 설레기도 하지만 머리가 아프기도 한 것이 계획 단계입니다.

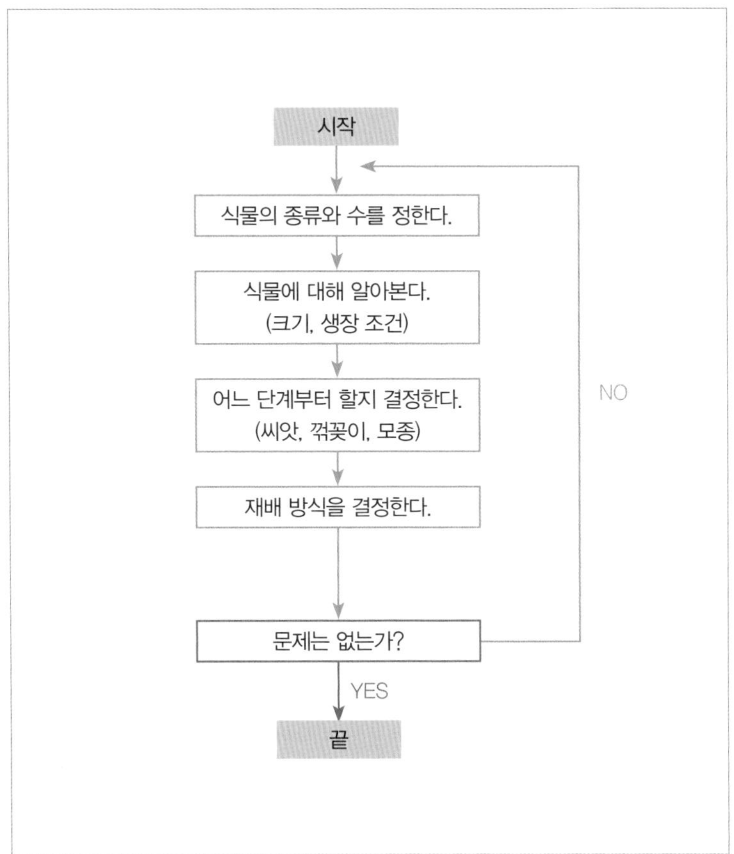

그림 4-1
수경재배도 텃밭에서와 같이 계획을 세우는 것이 필요하다. 실행하는 단계에서 문제가 생기면 시간과 돈이 많이 소비된다.

수경재배를 하는 목적은 식물을 키우는 것이므로 먼저 어떤 식물을 몇 그루 키울지 정해야 합니다. 얼핏 보면 당연한 일이지만 이에 따라 이후의 많은 것들이 큰 영향을 받으므로 중요한 문제입니다. 계획 단계 동안은 언제든지 조정할 수 있으니 일단 기르고 싶은 식물과 수를 정합니다.

키 큰 식물은 아래 위 공간이 넓은 재배기가 필요하고, 옆으로 많이 퍼지는 식물은 식물 간의 거리를 넓게 해야 합니다. 여름에 잘 자라는 식물을 겨울에 키우려면 따뜻하게 하는 장치가 필요하고, 햇빛이 많이 필요한 식물을 실내에서 키운다면 전등이 필요합니다. 이와 같이 식물이 정해지면 식물의 특성을 알아보아서 잘 자랄 수 있는 환경을 만들어 줘야 합니다. 환경을 맞출 수 없다면 다른 식물을 검토하는 것이 좋습니다.

다음으로, 키우기 시작할 때에 씨앗으로 할 것인지, 꺾꽂이로 할 것인지, 모종으로 할 것인지를 결정합니다. 아무 때나 씨를 심어도 싹이 잘 나는 식물이 있는가 하면, 야생화처럼 겨울의 추위를 지나고 나야 싹이 나는 식물도 있습니다. 감자와 같은 식물은 씨앗보다는 씨감자를 심어서 키우는 것이 쉽고, 고구마는 순을 내어 꺾꽂이하는 것이 쉽습니다. 이렇듯 식물에 따라 쉬운 방법이 있으니 알맞은 방법을 선택하는 것이 좋습니다.

예를 들어 상추 20포기, 쑥갓 20포기, 고추 10포기를 키우려고 생각했는데 막상 키울 곳을 보니 그만한 공간이 없다면 공간을 만들든지 키울 수를 줄여야 합니다. 또 식물에 맞는 온도와 빛을 적합하게 제공할 수 있는지 확인해야 합니다. 환경을 맞추어 줄 수 없다면 지금 환경에 적합한 식물로 바꾸어야 합니다. 식물을 돌볼 수 있는 시간적인 여유가 있는지도 확인해야 합니다. 직장이나 자녀 등으로 인해 식물을 돌볼 여유가 없다면 자동화 정도가 높은 재배기를 구입하는 편이 좋고, 시간적인 여유가 있어 수경재배 공부도 해 가면서 기르고 싶다면 직접 재배기를 만들거나 자동화가 덜 된 재배기를 사서 키우는 것이 좋습니다.

별 신경 안 써도 잘 자라는 식물이 있는가하면 뿌리에 산소 공급이 아주 잘 되어야 하는 식물도 있습니다. 이런 요구에 맞추어 재배 방식을 선택해야 합니다. 재배 방식이 결정된 후에 재배기를 만들거나 구입합니다.

지금까지 점검한 것들을 살펴보아서 문제가 없는지 확인합니다. 문제가 있다면 다시 돌아가 검토하여 대책을 세워야 합니다. 문제가 없으면 실행 단계로 넘어갑니다.

2. 실행 단계

실행 단계에서 주의해야 할 것은 '수경재배기를 준비한다'의 단계에서 수경재배기를 만들거나 구입한다는 뜻이 아니라는 것입니다. 식물은 사람을 기다려 주지 않고 자라기 때문에 바쁜 일이 생겨 미루다 보면 옮겨 심을 시기를 놓칠 수가 있습니다. 그러므로 식물에 알맞은 재배기를 만들거나 구입하는 것은 미리 해 두어야 합니다. 여기서 '준비한다'는 것은 미리 갖춰 놓은 재배기를 바로 쓸 수 있도록 청소도 해 놓고, 전기도 들어오게 해 놓고, 자리도 잡아 놓는 것을 말합니다.

이후 씨앗, 꺾꽂이, 모종 중 어떤 방법으로 시작하든 옮겨 심을 만큼 자란 모종이 되었을 때 옮겨 심습니다. 양액만으로 키우는 재배기에는 재배기에 포트를 끼운 다음 모종을 포트에 넣어 주는 것으로 옮겨 심기가 끝납니다. 배지가 있는 방식은 3장의 '모종으로 시작하기'에 소개되어 있습니다.

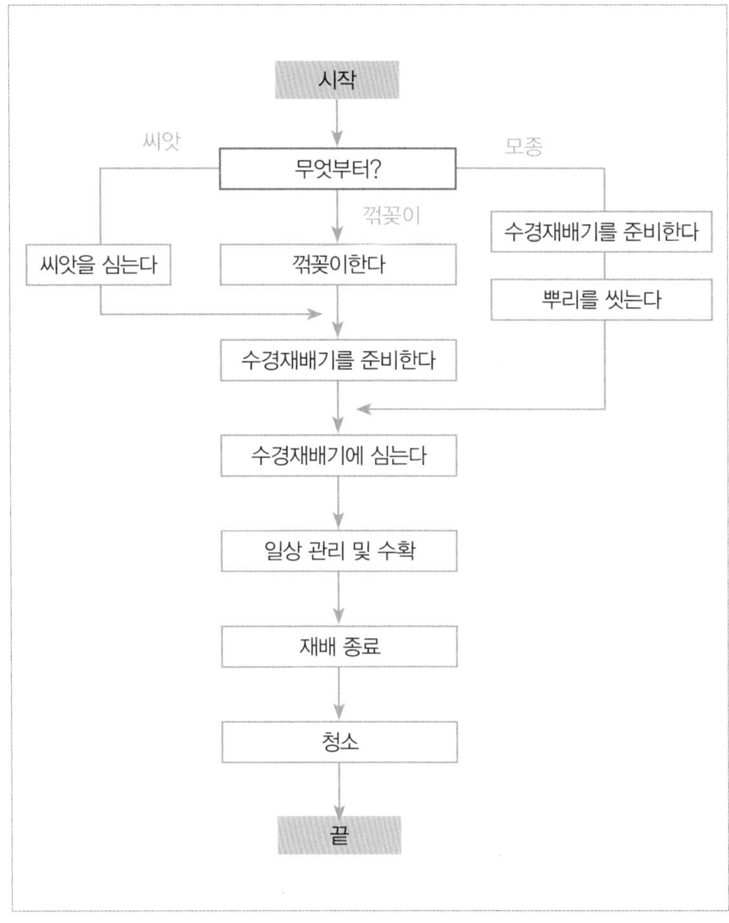

그림 4-2
실행 단계에 접어들면 시간을 잘 지키는 것이 중요하다. 식물은 기다린다고 빨리 자라는 것도 아니고, 준비가 되지 않았다고 천천히 자라는 것도 아니다.

식물 사이의 거리 맞추기

토경재배에서 흔히 말하는 '재식 거리'가 수경재배에서도 적용됩니다. 식물 사이의 거리를 확보하라는 이야기입니다. 식물 사이의 거리가 너무 가까우면 잎과 가지가 엉키게 되어 빛을 못 받는 잎이 생기게 되고 통풍도 잘 되지 않습니다. 식물이 빛을 받으려고 서로 경쟁하면 모두가 약해집니다. 식물이 약해지고 통풍이 안 되니 병충해가 잘 생기고, 빨리 번집니다.

식물을 옮기기 쉬운 구조의 수경재배기에서 키울 경우에는 식물이 어릴 때는 가깝게 두었다가 자라면서 점점 알맞게 서로 간의 거리를 띄워 줍니다.

그림 4-3
재식 거리를 조절하기 쉬운 재배 방식. 식물이 어릴 때는 모아서 키우다가 자라면서 서로 간섭하기 시작하면 간격을 넓혀 준다.

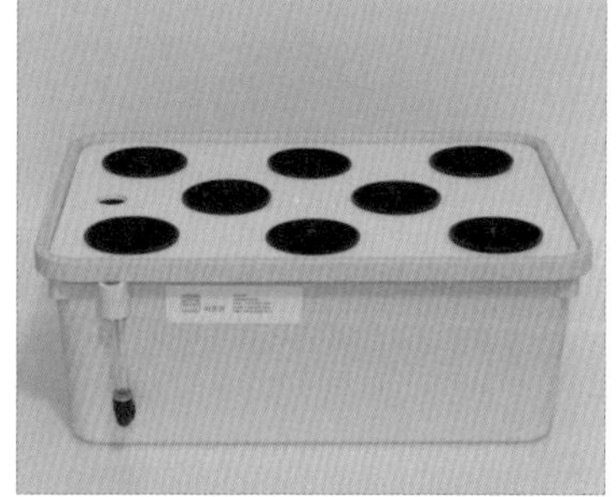

그림 4-4
재식 거리가 정해져 있는 방식. 이런 방식에서는 기를 식물에 따라 구멍 사이의 간격이 적당한 재배기를 선택하거나, 몇 개의 구멍만 선택해서 심는다.

그림 4-3의 재배 방식은 쉽게 재식 거리를 조절할 수 있습니다. 식물이 어릴 때는 바짝 붙여서 기르다가 식물이 자라면서 간격을 띄워 줍니다. 식물이 어릴 때 붙여서 기르면 공간과 전등을 적게 사용할 수 있습니다. 그림 4-4과 같은 재배 방식에서는 포트를 끼울 수 있는 위치가 정해져 있기 때문에 자라면서 구멍을 건너뛰어 넣어서 재

식 거리를 맞출 수 있습니다. 만일 재배기가 여러 대 있다면 어릴 때는 한 재배기에 모아서 기르다가 자라면서 다른 재배기로 옮기는 방법도 있습니다. 중요한 것은 다 자랐을 때의 식물을 어떻게 할 것인지 계획을 세우고 기르는 것입니다.

식물 이름	좌우 거리(cm)	앞뒤 거리(cm)
배추	60~75	35~45
무	60	25~30
양배추	45	45
잎들깨	10	10
열무	10~12	10~12
고추	40~50	40~50
가지	60~70	60~70
오이	30~40	30~40
호박	60~90	60~90
감자	100	25
고구마	90	30
파	10~15	10~15
옥수수	25	25
수세미	60~70	60~70
상추	20~30	20~30
엔디브	20~25	20~25
케일	50	10
쑥갓	10~12	10~12
시금치	15~20	15~20
파프리카	35~45	35~45
방울토마토	35~40	35~40
딸기	20~25	20~25
쪽파	20	10
완두	20	30

표 4-1
대표적인 식물의 재식 거리

양액 다루기

1. 양액 만들기

물에 수경재배용 비료를 녹인 액체를 '영양액' 또는 줄여서 '양액(nutrient solution)'이라고 합니다. 식물이 잘 자라기 위해서는 적절한 농도의 양액을 공급해야 하는데, 양액이 얼마나 진한가를 수치로 나타낸 값을 '양액 농도(nutrient solution concentration)'라고 합니다. 양액 농도를 나타내는 방법은 크게 TDS와 EC의 두 가지입니다.

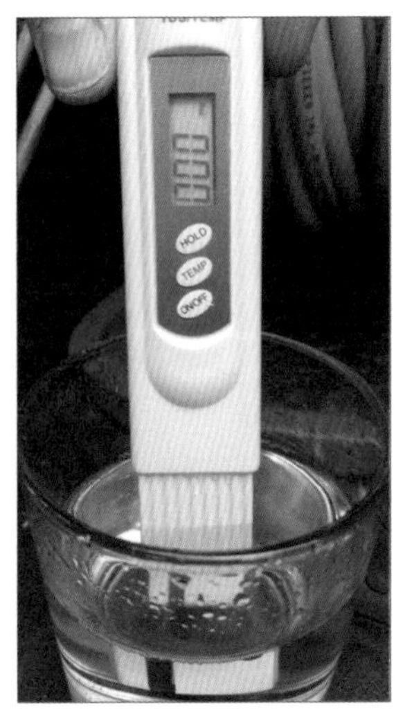

그림 4-5
휴대용 TDS 측정기. 온도도 측정할 수 있다. 비슷한 모양으로 EC를 측정할 수 있는 것도 있고, TDS와 EC를 모두 측정할 수 있는 것도 있다.

TDS(total dissolved solid; 총 용존성 고형 물질)는 녹을 수 있는 고체 물질이 얼마나 녹아 있는가를 나타내며, 단위로는 ppm(parts per million; 백만분의 일)을 씁니다. EC(electrical conductivity; 전기 전도도)는 이온성 물질이 녹은 용액의 전기 저항이 줄어드는 성질을 이용한 것으로, 단위는 dS/cm[17]를 씁니다. S(siemens)는 저항 R(resistance)의 역수인 단위입니다. 두 값은 원리가 다르기 때문에 정확히 변환은 안 되지만 대략 1dS/cm는 약 500ppm 정도가 됩니다.

17) dS의 d는 'deci-'로, 1/10을 뜻한다. cm의 c는 'centi-'로 1/100을 뜻한다.

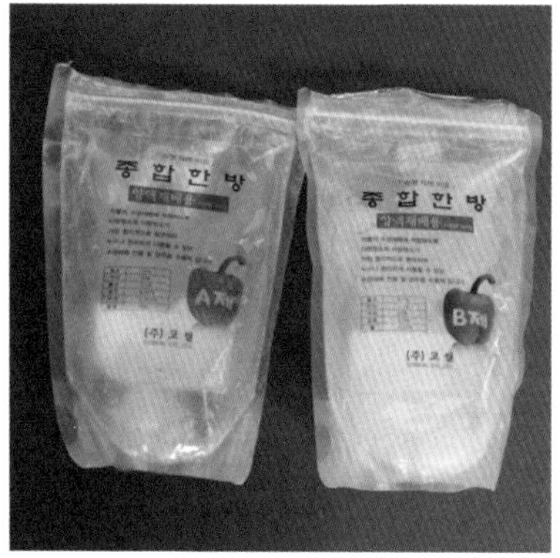

그림 4-6(좌)
수경재배용 액체 비료. 계량과 희석이 쉽다. 가루형에 비해 비싼 편이다.

그림 4-7(우)
수경재배용 가루 비료. 전자저울로 계량해야 하지만 싼 편이다.

시중에 파는 수경재배용 비료는 액체형과 가루형이 있고, 보통 A, B로 나누어 담겨 있습니다. 액체 비료는 희석하는 방법이 적혀 있어서 양액을 만들기가 쉽습니다. 가루 비료는 그렇지 않기 때문에 여기서는 가루 비료로 양액을 만드는 방법을 설명하겠습니다.

먼저 액체형이든 가루형이든 공통적으로 양액을 만들 때 주의할 사항이 있습니다.

① 받아 놓았던 수돗물을 사용합니다
② 양액을 담는 용구를 구입했을 때는 씻은 후에 사용합니다.
③ A와 B를 동시에 넣지 않습니다. 하나를 넣고 녹인 다음 나머지 것을 넣어 녹입니다.
④ 만든 양액은 어둡고 서늘한 곳에 보관합니다.

지금부터 20L 말통에 양액을 만드는 방법을 소개하겠습니다.

준비물 : 전자저울[18], 작은 컵(또는 종이조각), 작은 스푼

18) 인터넷에 'MH-500'이라는 모델명을 가진 휴대용 전자저울을 5,000원 내외에 판매하고 있다.

계산식

$$Q = \frac{xy}{1200}$$

Q : 넣어 주어야 하는 비료의 양[g]
x : 목표 농도[ppm][19]
y : 만들려는 양액의 양[L]

전업 농업인은 한 가지 식물에 집중하지만 도시농부는 여러 식물을 조금씩 키웁니다. 그렇다고 식물별로 양액을 만들어 쓰기는 힘들기 때문에 모든 식물에게 적합한 값을 정해서 일괄적으로 공급하는 것이 현실적입니다. 대체로 잎채소 등 수경재배로 초기에 접하는 식물은 약 600ppm 정도가 무난합니다. $x=600$으로 넣으면 위 식은 $Q=\frac{1}{2}y$로 간략화됩니다. 즉 만들려는 양액 총량[L]의 반만큼의 비료[g]를 각각 넣어 주면 됩니다. 예를 들어, 20L 말통에 600ppm의 양액을 만들어 채우려고 하면 가루 비료 A, B 각각 10g씩 넣어서 녹이면 된다는 말입니다. 물론 A를 넣어 먼저 녹인 후 B를 넣어 녹여야 합니다. 위의 계산식은 그림 4-7의 가루 비료에 적용되는 식입니다. 다른 가루 비료 중 만드는 법이 나와 있지 않은 것은 여기에 소개한 방법을 기준으로 만든 후 측정하여 보정하시기 바랍니다.

2. 양액 관리하기

양액 만드는 법은 앞에서 배웠지만 양액을 만들고, 보관하고, 식물에 주는 일은 또 다른 이야기입니다. 식물이 한두 그루 있을 때는 큰 페트병에 양액을 만들어 놓고 사용하는 것도 괜찮지만 식물이 많아지다 보면 양액을 자주 만들어야 하는 불편함이 생깁니다. 그래서 식물을 많이 기를 경우 재배기에 양액저장조를 갖춘 것을 사용하거나 큰 통에 양액을 만들어 두고 필요한 만큼 덜어서 쓰는 것이 편리합니다. 여기서는 통에 양액을 만들어 두고 덜어서 쓰는 방식에 대해 설명 드리겠습니다.

19) http://blog.daum.net/st4008/219에 식물별 적합한 양액 농도 자료가 있다.

그림 4-8
양액을 만들고 식물에 주는 도구들. 많은 양액을 줘야 할 때는 못 쓰는 주전자가, 조금씩 줄 때는 작은 물뿌리개가 좋다. 물뿌리개는 물이 흩어져서 나가지 않는 것으로 준비한다.

식물을 많이 기를 때는 큰 통에 양액을 만들어 두고 덜어서 쓰는 것이 편리합니다. 덜어서 쓰기 위해서 주전자와 물뿌리개도 갖춥니다. 주전자는 많은 양의 양액을 부어 주어야 할 때에 편리합니다. 물뿌리개는 목이 길고 구멍이 하나인 것을 사용합니다. 식물이 여럿 자라고 있을 때 뒤쪽에 있는 식물에 양액을 부어 주려면 목이 긴 물뿌리개가 편리합니다.

양액을 담아 둘 용기는 금속이 아닌 것으로 합니다. 양액은 여러 가지 물질이 녹아 이온화된 상태로 있기 때문에 금속 용기에 넣으면 금속이 부식되므로 보통은 플라스틱으로 된 용기를 사용합니다. 주전자는 대부분이 금속으로 만들어졌는데, 양액을 부어 줄 때만 잠시 사용하는 것이라 괜찮습니다. 양액을 오래 담아 두면 주전자도 부식될 수 있습니다. 금속이 부식된다고 해서 양액이 위험한 물질은 아닙니다. 바닷물에 잠겨 있는 철이 공기 중의 철보다 빨리 녹스는 원리와 같습니다. 사용 후 남는 양액은 통에 다시 부어 주전자를 비운 상태로 보관합니다.

세상의 어떤 양분도 식물이 쉽게 흡수할 수 없다면 유용하다고 할 수 없습니다. 식물이 양분을 흡수하는 능력을 결정하는 중요한 인자는 토양이나 양액의 pH(산성도)입니다. pH는 1~14의 범위로 측정되고, 용액의 수소 이온 농도를 나타냅니다. 7을 기준으로 하여 낮은 값으로 가면 산성을, 높은 값으로 가면 염기성을 나타냅니다. 순수한 물은 pH 값이 7에 가깝습니다. 대부분의 식물에게 적절한 양액의 pH 값은 5.5에서 6.5 사이이며, pH 값이 최적의 값으로부터 벗어나면 식물이 양분을 잘 흡수할 수 없게 됩니다. pH는 리트머스 시험지로 측정할 수도 있고 pH측정기를 사용할 수도 있습니다.

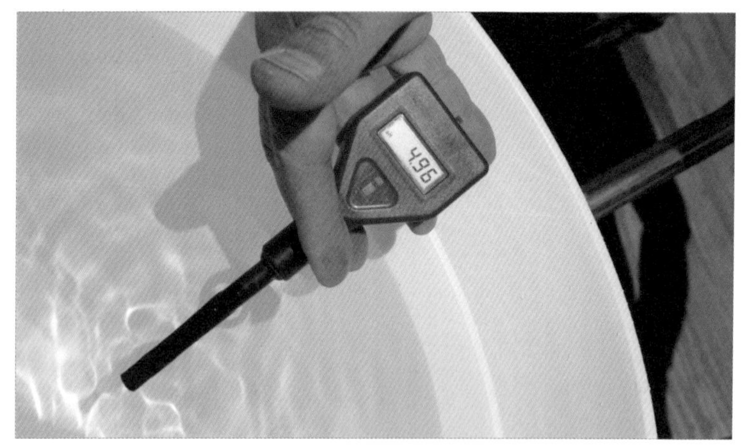

그림 4-9
간단한 형태의 휴대용 pH 측정기

일반적인 용액의 pH는 다음과 같습니다.

배터리의 산성 물질 : 1	식초 : 2.75
오렌지 주스 : 4.25	붕산 : 5
우유 : 6.75	순수한 물 : 7.0
혈액 : 7.5	바닷물 : 7.75
붕사 : 9.25	암모니아 : 11.25
표백제 : 12.5	가성 소다(수산화 나트륨) : 13.5

양액의 pH와 농도는 식물이 요구하는 값과 일치하는 점이 존재합니다. 시간을 두고 양액 농도와 pH를 지속적으로 읽어 보면 이를 알 수 있습니다. 특히 식물이 얼마만큼의 양액 농도를 요구하는지 잘 모를 경우에는 예측값으로 양액을 공급한 후 지속적으로 관찰할 필요가 있

습니다. 만일 시간이 지나면서 TDS 값이 계속 높아진다면 양분보다 물이 더 빨리 소비되고 있는 상태입니다. 물이 더 빨리 소비되는 것은 물의 증발 때문일 수도 있지만, 식물이 양분보다 물을 더 많이 흡수한다는 뜻일 수도 있습니다. 어느쪽이든 계속 TDS 값이 높아진다면 양액을 더 묽게 공급할 필요가 있습니다. 매일 TDS 값을 측정했을 때 값의 변화가 적은 게 가장 바람직한 상태입니다. 온도와 빛의 세기도 이 균형을 결정하는 데 중요한 역할을 합니다. 가끔씩 TDS와 pH 값을 측정하여 크게 벗어나지 않는지 확인할 필요가 있습니다.

비료를 넣었던가? 기억이 안 나!

양액을 만들 때는 물을 받아 놓았다가 비료를 넣으라고 합니다. 그래서 통에 물을 받아 놓았는데, 바쁜 생활을 하다보면 나중에 비료를 넣었는지 안 넣었는지 헷갈릴 때가 있습니다.

이럴 때는 자신만의 표시법을 만들어 놓는 것이 좋습니다. 저는 뚜껑을 뒤집어 놓습니다. 그러면 다음날에라도 '아, 아직 비료를 넣지 않았구나!'하고 알 수 있습니다. 비료를 녹인 후에는 파란색의 뚜껑을 살짝만 닫아 둡니다. 주전자에 양액을 부을 때 살짝 닫아 둔 뚜껑 사이로 공기가 들어가면서 양액이 부드럽게 나옵니다. 뚜껑을 꽉 닫아 놓으면 양액을 부을 때 꿀렁거리면서 쏟아져 나와 주전자 밖으로 튀어 나갈 수 있습니다.

실외에서는 비가 오는데, 양액을 어떻게 공급하지?

실외에서 키울 때 빗물이 양액과 섞이지 않는 구조이면 비가 오는 것과 관계없이 양액을 주시면 됩니다. 그런데 재배기의 구조가 빗물이 양액과 섞이는 것이라면 빗물을 양액으로 간주하고 관리하세요. 예를 들어 계속 비가 내려 배지가 며칠 동안 계속 젖어 있을 수 있습니다. 이럴 때면 양액이 묽어져서 식물이 굶지 않을까 걱정할 수 있는데, 걱정할 필요 없습니다. 비가 오는 날은 광합성을 덜 하기 때문에 양분도 별로 필요로 하지 않습니다. 비가 오면 식물도 일하지 않고 느긋하게 쉬다가 다시 햇빛이 나면 부산스럽게 일하기 시작합니다. 빗물에 희석된 묽은 양액이지만 식물은 굶는 것에 강하여 며칠 양분이 부족하다고 어떻게 되지 않습니다. 빗물 섞인 양액을 소모한 다음에 정상적인 농도의 양액을 보충하면 됩니다.

3. 그 밖의 정보

수경재배가 발달한 나라의 경우를 살펴보겠습니다. 예를 들어 미국에서 판매하고 있는 대부분의 수경재배용 비료는 초보자가 쉽게 접근할 수 있도록 식물의 형태, 생장 단계, 자라는 환경에 맞추어 양액을 만들 수 있도록 설명서가 제공됩니다.

수경재배용 비료를 고를 때, 적합한 것을 찾기 위해 몇 가지 확인할 것이 있습니다. 가장 중요한 요소는 수경재배용인가 하는 것입니다. 흙에 사용하는 비료는 흙에 맞추어 설계했기 때문에 흙으로부터 공급받을 수 있는 미량 원소는 포함하지 않는 것이 많습니다.

그림 4-10
미국의 한 회사에서 판매하고 있는 수경재배용 액체 비료 꾸러미. 식물에 따라, 또는 생장 단계에 따라 조합하여 쓸 수 있다. 아래에 '2-1-6', '0-5-4' 등의 숫자는 질소-인-칼륨(N-P-K)의 비율이다.

수경재배가 성행하는 외국에서는 여러 가지의 다양한 수경재배용 비료가 판매되고 있는 반면 국내에서는 몇 가지 제품 밖에 없어 선택의 폭이 좁습니다. 잎 식물, 열매 식물, 꽃 식물에 따라 필요로 하는 영양이 아래와 같이 다릅니다.

표 4-2
식물의 종류에 따라 필요로 하는 주요 영양의 비율의 예(%)

	N	P	K
잎 식물	9.5	5.67	11.3
열매 식물	8.2	5.9	13.6
꽃 식물	5.5	7.97	18.4

이 비율이 잘 맞지 않으면 식물이 원하는 것과 다른 모습으로 자랄 수가 있습니다. 예를 들어 꽃 피우길 바라고 키운 식물인데 꽃은 잘 피지 않고 잎만 무성하게 자라는 것은 위 영양의 균형이 맞지 않아서 그럴 수가 있습니다.
국내에도 빨리 용도에 맞춘 수경재배용 비료가 다양하게 나왔으면 좋겠습니다.

수경재배 비료는 화학 물질인데, 안전한가요?

'소금'은 안전한 물질 같은데 '염화 나트륨'은 왠지 건강에 나쁠 것 같은 느낌입니다. 이것을 소듐 크롤라이드(sodium chloride)라고 부르면 그런 느낌이 더 강해집니다. '수입산 김치에서 소듐 크롤라이드가 다량 검출되었다. 이 물질을 많이 먹으면 고혈압을 일으키기 쉽다'는 뉴스 기사를 보면 왠지 모르게 걱정이 되기도 합니다. 주변에 있는 모든 물질이 화학 물질인데, 그 화학 물질의 주성분을 정확한 물질명으로 이야기하면 낯선 이름 때문에 위험한 물질처럼 느껴집니다. 이것은 제대로 알지 못하고 막연한 불안감 때문에 생기는 오해입니다. 물(water)을 화학식 명명법에 따라 그대로 부르면 일산화 이수소(dihydrogen monooxide; 다이하이드로젠 모노옥사이드)가 되는데, 이렇게 부르면 엄청나게 위험한 물질처럼 느껴지기 때문에 국제순수및응용화학회(IUPAC)에서 그대로 '물(water)'로 부르자고 정할 정도입니다. 만약 내일 아침 뉴스에 수돗물에서 일산화 이수소가 매우 많이 검출되었다고 하면 난리가 날지도 모릅니다.

1997년에 14세 소년이 '우리는 얼마나 잘 속는가?(How Gullible Are We?)'라는 과학 프로젝트에서 일산화 이수소의 문제점을 보여 주었고, 사람들은 덩달아 이 물질을 통제해야 한다고 탄원을 하게 되었습니다. 이는 과학적 지식에 대한 무지와 과장된 해석이 불러 일으킬 수 있는 오해에 대한 유명한 사례입니다.
농사지을 때도 마찬가지의 일이 일어납니다. 무기질 비료는 안 좋은 것이고 유기질 비료는 좋은 것으로 생각합니다. 특히 무기질 비료는 '화학 비료'라고 불러 더 나쁜 인상을 줍니다. 유기질 비료도 물론 화학 물질로 된 비료입니다. 유기 화합물[20]로 되어 있으니까 무기물로 분해되기 전까지는 '유기 화합물 비료'라고 부를 수도 있습니다. 어떻습니까? 유기질 비료를 유기 화합물 비료라고 하면 이것도 써서는 안 될 것처럼 느껴지지 않습니까?

---

20) '유기 화합물'을 줄여서 '유기물'이라고 한다.

수경재배 비료는 물에 잘 녹는 무기 화합물로 되어 있습니다. 만드는 회사에서 정량을 재어서 필요한 비율로 맞춘 것입니다. 우리가 땀으로 무기물을 많이 소모했을 때 이온 음료를 마시는 게 좋은 이유는 이온 음료에 나트륨, 칼륨, 마그네슘 등의 각종 무기물이 이온의 형태로 녹아 있기 때문입니다. 권할 일은 아니지만 수경재배용 양액을 마셔도 아무런 문제가 없으며, 이온 음료보다 수경재배용 양액이 훨씬 싱겁습니다.

카톨릭관동대 국제성모병원에서는 병원 내에 있는 식물공장에서 수경재배로 키운 식물을 환자의 식사에 사용하고 있습니다. 양액은 물론 무기 화합물 비료로 만듭니다.

그림 4-11
'물에는 수소가 다량 함유되어 있으므로 접근하지 마시오.' 대중의 무지를 이용한 글귀이다.

키우는 시기와 온도 관리하기

실외에서 식물을 기를 때에는 텃밭과 마찬가지로 계절에 맞추어서 길러야 하며, 계절에 어긋나게 기르고 싶다면 비닐하우스를 이용해야 합니다.

실내일지라도 식물 전용 공장이 아닌 이상 여름에는 온도가 높고 겨울에는 온도가 낮은 것은 피할 수 없습니다. 그러므로 추위에 약한 식물은 한겨울을 피해서 기르고 서늘할 때 잘 자라는 식물은 한여름을 피해서 기르는 것이 좋습니다. 그럼에도 불구하고 계절에 관계없이 식물을 키우고 싶다면 냉난방을 이용해야 합니다. 식물 주위에 가림막이나 식물 재배 전용 텐트를 이용하면 조금은 저렴하게 할 수 있습니다.

1. 계절에 맞는 식물 기르기

아래에는 텃밭에서 가장 흔히 기르는 식물의 적정 시기와 온도를 정리했습니다. 몇 가지 식물을 길러서 자신감이 생기면 허브나 약초도 시도해 보시기 바랍니다. 식물의 적정 생육 온도를 찾아보아 크게 어긋나지 않도록 기르시기 바랍니다.

잎채소

식물명	파종 시기	모종(옮겨심기)	수확 시기	적정 온도
배추	4월 초순~중순	4월 하순	6월 중순~하순	생육: 20℃ 전후 결구: 15~16℃
	8월 초순~중순	9월 초순	11월 중순~하순	
시금치	4월 초순~하순	-	5월 중순~6월 초순	15~20℃
	8월 하순~9월 초순	-	10월 초순~11월 중순	
상추	4월 초순	4월 중순~하순	5월 중순~7월 초순	15~20℃
	8월 중순~하순	9월 초순	9월 하순~10월 하순	

뿌리채소

식물명	파종 시기	모종(옮겨심기)	수확 시기	적정 온도
무	8월 중순~9월 초순	-	11월 초순~하순	15~20℃
알타리무	3월 하순~4월 중순	-	5월 초순~6월 초순	15~20℃
	8월 하순~9월 하순	-	10월 초순~11월 중순	
당근	3월 하순~4월 초순	-	6월 하순~7월 초순	18~21℃
	8월 초순~8월 중순	-	10월 하순~11월 중순	
고구마	3월 초순	6월 초순	10월 초순~하순	생육 : 15~20℃
감자	-	3월 하순~4월 초순	6월 하순~7월 초순	20~25℃

※ 감자는 식물의 줄기이지만 편의상 뿌리채소에 넣었습니다.

열매채소

식물명	파종 시기	모종(옮겨심기)	수확 시기	적정 온도
(방울)토마토	2월 하순	5월 초순	7월 초순~10월 초순	25℃ 전후
고추	2월 하순	5월 초순	6월 하순~10월 초순	25~28℃
가지	2월 하순	5월 초순	6월 하순~10월 초순	22~25℃
호박	2월 하순	5월 초순	6월 하순~9월 하순	18~21℃
오이	2월 하순	5월 초순	6월 하순~9월 하순	25~28℃
완두콩	3월 하순	-	6월 초순~6월 하순	12~16℃
강낭콩	4월 초순	-	6월 하순~7월 초순	10~25℃
메주콩	5월 하순	6월 중순	10월 중순~하순	25~30℃
땅콩	4월 하순	-	10월 중순~하순	25~30℃

2. 옥상에서 온도 관리하기

옥상은 계절에 따라 온도 변화가 극적인 곳입니다. 한여름에는 바닥 근처의 온도가 50℃를 넘어서기 쉽고, 겨울에는 꽁꽁 얼어붙습니다. 여름철 옥상의 풍부한 햇빛은 어느 것과도 바꿀 수 없는 혜택이지만, 온도가 치솟는 문제와 강한 비바람이 원치 않는 선물로 주어집니다. 여기서는 여름에 옥상에서 식물을 높은 온도로부터 보호하는 방법을 소개하겠습니다. 겨울에는 굳이 옥상에서 식물을 키우려고 하지 마세요. 실내에서 키우는 것이 훨씬 좋습니다.

여름이 되면 어디든 기온이 높지만 맑은 날 옥상에서는 직사광선에 의해 바닥의 온도가 아주 높아져서 맨발로 다니기 어려울 정도가 됩니다. 이 열이 복사열로 방출되어 옥상 바닥뿐만 아니라 그 위쪽 공간까지도 온도가 높아집니다. 옥상에서 기르는 식물은 이 열에 의해 심한 스트레스를 받습니다. 특히 뿌리가 고온에 계속 노출되면 식물이 약해지다가 죽게 됩니다.

그림 4-12
옥상에서 DWC 방식으로 키우는 토마토. 재배용기 아래에 물을 담은 박스로 식혀보려 하지만 역부족이다. 고열에 뿌리가 상하면서 잎도 말라 있다.

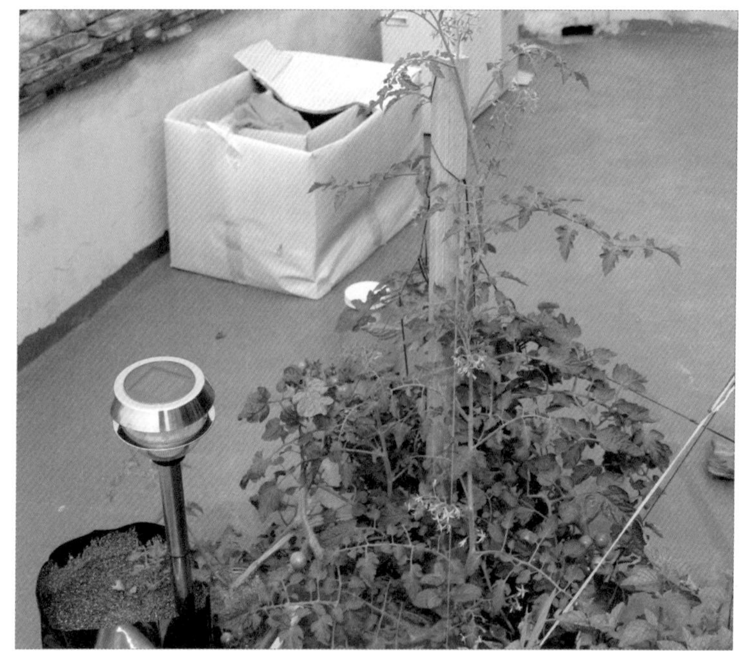

그림 4-13
옥상에서 버미큘라이트에 키우는 토마토. 정원등을 꽂아 둔 바로 오른쪽에 줄기가 보인다. 버미큘라이트가 주변의 열이 뿌리로 가는 것을 막아준다.

위의 사진은 여름철 옥상에서 재배 방식에 따라 식물이 어떻게 자라는지를 보여 줍니다. 양액에 바로 식물의 뿌리를 담가서 키우는 토마토는 잎이 쪼그라들고 잘 자라지 못한다는 것을 알 수 있습니다. 반면에 버미큘라이트에 심어서 키우는 토마토는 잎이 무성하게 잘 자라는 것을 볼 수 있습니다. 양액만으로 키우는 방식은 양액의 온도가 올라가고 산소도 부족해져서 뿌리가 큰 피해를 입습니다. 고형 배지를 사용하는 경우는 열이 재배용기 안으로 잘 전달되지 않고 배지 사이의 틈에 공기가 있기 때문에 피해가 덜합니다.

❖ 직사광선에 의한 온도 상승 방지

줄기와 잎으로 오는 직사광선은 노지에서 자라는 식물과 같은 상황이지만 뿌리에 미치는 영향은 달라집니다. 노지에서는 토양 위로 직사광선이 가해질 때 토양 표면의 온도도 함께 올라가지만, 토양 속은 온도가 별로 올라가지 않습니다. 토양이 열을 잘 전달하지 않고 토양에 있던 수분이 증발하면서 기화열을 가지고 가기 때문입니다. 직사광선을 받는 재배기는 토양에서와 마찬가지로 먼저 빛을 받는 표면의 온도가 올라갑니다. 이후 표면의 높은 열이 뿌리가 있는 내부로 전달되어 가는데, 이 열의 이동을 막는 것이 아주 중요합니다. 뿌리가 있는 부분은 수경재배 방식에 따라 양액만 있는 방식과 고형 배지로 채워진 방식이 있습니다. 양액만 있는 방식에서는 양액이 대류에 의해 움직이면서 열을 전달하기 때문에 뿌리 주변의 온도가 쉽게 올라갑니다. 그러므로 양액만 사용하는 방식의 재배기는 반드시 양액을 순환시켜야 하고, 재배기의 뜨거워진 양액을 식혀서 다시 보내 주어야 합니다. 반면, 배지를 쓰는 방식은 배지 자체가 열을 잘 차단하기 때문에 비록 재배기 표면의 온도는 높다 하더라도 뿌리 근처의 온도는 그다지 높지 않습니다. 또한 배지 사이의 공기가 많아서 뿌리의 호흡에도 유리합니다. 같은 크기의 용기에 양액을 넣은 방식과 배지를 넣은 방식에서의 온도 측정 결과는 저의 블로그를 참고하시기 바랍니다.[21] 직사광선이 재배기의 온도를 높이는 문제는 재배기 표면에 빛을 잘 반사하는 시트를 붙여 햇빛을 반사시키는 방법으로 완화할 수 있습니다.

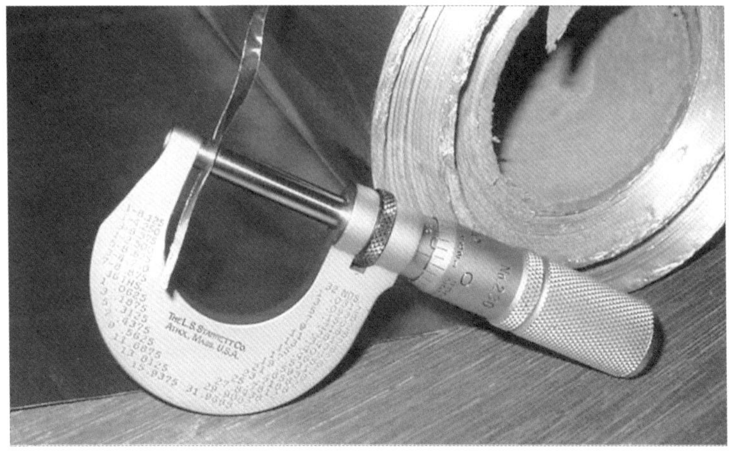

그림 4-14
알루미늄 테이프. 용기 바깥쪽에 붙이면 빛을 반사하여 온도가 올라가는 것을 줄일 수 있다. 열전달을 막기 위해 버블이 붙어 있는 것을 사용하면 더 좋다.

21) http://blog.daum.net/st4008/204

❖ 옥상 바닥의 복사열

두 번째로 재배기의 온도를 높이는 것이 옥상 바닥에서 올라오는 복사열입니다. 복사열은 적외선이라는 눈에 보이지 않는 전자기파의 형태로 전달되는데, 물체로 가리면 전달되지 않고, 거리를 멀리 하면 줄어듭니다. 전기 히터를 켜서 따뜻하더라도 앞에 사람이 지나가는 순간 금방 추워지는 것도 전기 히터에서 오는 적외선이 가려지기 때문입니다. 그러므로 재배기와 옥상 바닥 사이에 차단막을 두면 막을 수 있습니다. 또는 바닥으로부터 거리를 두어 재배기를 설치하면 복사열을 적게 받습니다. 히터로부터 멀어지면 열이 적게 오는 것과 같은 원리입니다.

❖ 전도열

물체가 닿아 있을 때 물체를 통해 열이 전달되는 것을 열의 전도라고 합니다. 숟가락을 뜨거운 국에 넣어 두면 숟가락의 손잡이까지 뜨거워지는 것이 열의 전도 때문입니다. 전도는 반드시 물체가 닿아서 일어나는 것으로, 옥상에서는 옥상 바닥에 닿아 있는 물체를 타고 전달됩니다. 옥상에 재배기를 설치했다면 열은 옥상 바닥에서부터 재배기를 타고 전달됩니다. 전도열은 다음과 같을 때 잘 전달되지 않습니다.

A. 열이 전달되는 거리가 멀다.
B. 열이 통과하는 면적이 좁다.
C. 열이 잘 전달되지 않는 재료를 쓴다.

위의 특징을 잘 이용하여 재배기를 설치하면 전도열을 줄일 수 있습니다. A를 이용한 것은 식물이 바닥과 멀어지게 하기 위해 재배기를 바닥에서 높이 설치하는 것입니다. 그러면 열이 전달되는 거리가 멀어서 재배기의 온도가 올라가는 것을 줄일 수 있습니다. 이 방법은 복사열도 함께 줄일 수 있습니다. B를 이용한 것은 다리가 있는 구조물을 만들어 재배기를 올려놓는 것입니다. 돌이나 시멘트로 단을 만들어서 재배기를 올려 둔다면 돌이나 시멘트로 열이 전달될 면적이 크기 때문에 결국 이것들의 온도가 올라가버려서 별 효과를 얻을 수 없지만, 책상처럼 다리가 있는 형태의 구조물은 가느다란 다리 때문에 열이 잘 타고 올라갈 수 없습니다. C를 이용한 것은 바닥과 재배기 사이에 열이 잘 전달되지 않는 물질을 넣는 것입니다. 매트 같은 것을 깔면 좋습니다. 한겨울 맨발로 도저히 서 있기 어려운 바닥이라도 두툼한 매트를 깔면 문제없이 서 있을 수 있는 것과 같습니다. 매트가 발에서 바닥으로 가는 열을 막아 주기 때문입니다. 마찬가지로 한여름 뜨거운 옥상 바닥에 매트를 깔면 맨발로 서 있을 수 있을 만큼 열의 전도를 차단합니다.

그림 4-15(좌)
나무로 틀을 짜서 그 위에 식물을 키우는 모습. 바닥으로부터 떨어서 전도열과 복사열을 줄일 수 있고, 각목으로 만들어서 전도열을 줄일 수 있다.

그림 4-16(우)
열 차단에 흔히 사용하는 알루미늄 포일. 발포 처리가 된 것도 있고 에어캡(뽁뽁이)으로 된 것도 있다. '열반사 단열재', '은박 매트' 등의 이름으로 팔린다.

옥상에서 여름철에 고온에 의한 피해를 막는 방법을 종합하자면 바닥에서 띄워서 재배기를 설치하고, 재배기 표면은 열을 차단하면서 빛을 반사시키는 재료로 감싸는 것을 권합니다.
옥상에서의 겨울은 너무도 열악합니다. 꼭 식물을 키워야겠다면 작은 비닐하우스나 식물 재배 텐트에 난방까지 해야 가능합니다. 이보다는 집 안에서 키우는 것이 훨씬 유리합니다.

3. 사무실에서의 온도 관리하기

사무실은 사람이 있는 낮 동안에는 냉난방 때문에 식물에게도 대체로 지내기 좋은 장소가 됩니다. 하지만 저녁이 되면 냉난방 시설을 끄고 퇴근하기 때문에 밤 동안에는 바깥의 온도에 가까워집니다. 대체로 여러 식물들이 여름밤의 더위 정도는 잘 견디는 편이지만 겨울밤의 추위를 이기지는 못합니다. 여기서는 겨울밤 추위로부터 식물을 보호하는 방법에 대해 설명 드리겠습니다.
가장 손쉬운 방법은 비닐이나 종이로 재배기를 감싸는 것입니다. 바람이 불 때 훨씬 춥게 느껴지는 것은 체온에 의해 데워진 주변의 공기가 밀려나고 다시 차가운 공기가 오는 일이 연속적으로 일어나기 때문입니다. 바람이 강할수록 이 현상도 심해집니다. 식물이 자라는 곳에도 LED에서 열이 나든 식물 자체에서 미량의 열이 나든 따뜻한 공기가 형성됩니다. 이 공기를 가두어 두지 않으면 더워진 공기가 위로 올라가고 주변의 차가운 공기가 거기를 메꾸게 되는데, 재배기 주변을 막음으로써 차가운 공기가 들어오는 것을 막을 수 있습니다. 그런 후에 너무 뜨거워지지 않는 열원을 이용하여 식물 주변의 공기를 따뜻하게 하면 됩니다. 백열전구 또는 모기 매트용 훈증기를 켜거나, 물을 받아 놓고 그 속에 수족관용 히터를 켜거나, LED를 밤에만 켜는 방법으로 식물 주변의 온도를 유지할 수 있습니다. 자그마한 필름 난방기를 사용해도 좋습니다.

그림 4-17
겨울에 사무실에서 필름 난방을 하여 식물을 기르는 모습.

위 그림은 겨울에 사무실에서 필름 난방기를 사용하여 식물을 기르는 모습입니다. 12월인데도 오른쪽 재배기에서 식물이 잘 자라는 것을 볼 수 있습니다. 사무실 벽에는 그림 4-16처럼 같이 열 차단재를 붙여 보온에 신경을 썼습니다. 만일 난방 장치를 재배기에 포함하여 만든다면 크기를 작게 하고 전기도 절약할 수 있을 것입니다.

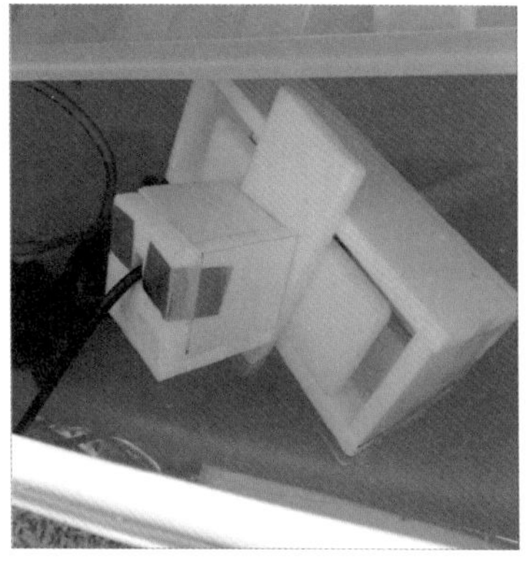

그림 4-18
서울시 성북정보도서관 지하 휴게실에 설치된 수경재배기.

그림 4-19
양액저장조 속에 설치된 수족관용 히터. 양액의 수위가 변하기 때문에 히터가 떠 있는 방식을 취했다.

그림 4-18는 서울시 성북정보도서관 지하 휴게실에 설치된 수경재배기입니다. 아래에 있는 노란색의 박스가 양액저장조입니다. 이 수경재배기를 설치할 즈음에 날씨가 점점 쌀쌀해지고 있었고, 도서관에서는 겨울에도 식물이 죽지 않고 자라기를 요구했습니다. 이를 만족시키기 위해서 오른쪽 그림과 같이 양액저장조에 수족관용 히터를 넣어 적정 온도를 유지했습니다. 양액은 콘센트 타이머를 이용하여 1시간마다 15분씩 공급하도록 했습니다. 1시간마다 15분씩 양액을 공급하는 것은 콘센트 타이머를 이용하여 쉽게 구현할 수 있었는데, 문제는 히터였습니다. 수족관용 히터는 수족관의 수위가 일정하다는 전제로 만들어져 있어 수족관 벽에 부착할 수 있도록 되어 있습니다. 그런데 양액저장조의 양액은 식물로 공급할 때와 양액이 회수될 때의 수위 변화가 심합니다. 히터를 고정시켜 놓으면 양액에 잠겼다가 양액 밖으로 나왔다가 하여 누전과 과열의 위험이 있습니다. 이 문제를 해결하기 위해 우드락에 히터를 꽂아 양액에 띄우는 방법을 사용했습니다. 그러면 배처럼 떠 있게 되어 양액의 수위에 관계없이 히터는 잠길 부분만 잠기게 되므로 안전합니다. 수족관용 히터는 자동으로 온도를 맞추는 기능을 자체적으로 가지고 있어서 사용이 편리합니다.

4. 베란다에서 온도 관리하기

베란다는 방향에 따라 낮의 온도가 많이 다릅니다. 남향인 베란다는 낮에 햇빛을 받으면 온도가 많이 올라갑니다만 햇빛이 들지 않는 베란다는 바깥 온도와 거실 온도 중간에 머뭅니다. 베란다에서는 바깥쪽의 문과 실내쪽의 문을 열고 닫아 온도를 어느 정도는 관리할 수 있지만 겨울철 밤은 온도가 많이 낮아지기 때문에 사무실처럼 온도를 관리하는 것이 좋습니다.

5. 거실이나 방에서 키우는 식물의 온도 관리하기

거실이나 방에서 식물을 키우기 위해 집 전체의 냉난방을 맞추기는 곤란합니다. 집 안은 가장 더운 여름 낮과 가장 추운 겨울 밤에 사람을 위해서 냉난방을 합니다. 식물도 사람을 위한 냉난방의 혜택을 받으며 살아갈 수 있지만, 그렇다고 식물에게 적합한 온도가 쉽게 주어지는 것은 아닙니다. 가령 한겨울에 난방을 한다고 하더라도 실내 온도를 보통은 15~20℃ 정도로 맞추어 지냅니다. 바깥에 비해서는 꽤 따뜻하지만 더울 때 잘 자라는 식물을 키우기엔 부족합니다. 그러므로 거실이나 방이 온도 면에서 가장 여건이 좋은 곳이더라도 계절과 반대되는 식물은 피하는 것이 좋습니다. 꼭 한여름에 호냉성 식물을 기르고 싶으시면 에어컨을 켜 주시고, 한겨울에 호온성 식물을 기르고 싶으시면 난방 온도를 높여야 합니다.

지금까지 온도 관리에 대해 알아보았습니다. 가능하면 식물의 종류와 식물을 키우는 여건을 고려하여 서로 잘 맞도록 하는 것이 좋습니다. 과학기술을 이용하여 인위적으로 환경을 조절할 수는 있지만 그만큼 에너지가 들어가기 마련입니다.

5 전등의 선택

수경재배로 식물을 기를 때 빛에 대한 이론적인 내용은 5장의 '빛 공급'을 참고하시기 바랍니다. 여기서는 시중에서 구입하기 쉽고 수경재배에 적용하기 적합한 전등을 소개합니다.

1. 광원의 종류

빛에 대한 질문 중에 많은 것이 형광등도 사용할 수 있느냐 하는 것입니다. 백열등, 형광등, LED 등 가시광선이 나오는 모든 광원은 식물을 키우는 데 쓸 수 있습니다. 수경재배나 식물공장에 LED를 많이 쓰는 이유는 원하는 색의 빛을 만들기가 쉽고 전기를 적게 쓰기 때문입니다. 집이나 사무실에서 소소하게 식물을 키울 때는 주광색의 형광등이나 LED를 추천합니다.
형광등은 등기구와 램프를 분리할 수 있어 램프가 수명이 다했을 때 램프만 갈아 끼우면 되는 장점이 있지만 등기구의 부피가 크고, 램프의 수명이 짧으며 설치할 때에 전선을 연결해야 하는 불편함도 있습니다. LED는 T5형이 대량 생산되어 값이 싼 편이지만 등기구와 램프가 일체형으로 되어 있어 램프나 등기구가 고장나면 통째로 못 쓰게 됩니다. 반면 설치할 때에 배선 작업이 필요 없거나 간단합니다. 여기서는 간편하게 설치할 수 있는 LED를 중심으로 소개하겠습니다.

2. LED의 선택

식물을 키울 때에 LED를 사용하기로 마음먹었다면 어떤 LED를 쓸 것인지 결정해야 합니다. LED 모듈, 전구형 LED, T5형 LED에서 선택할 수 있으나, 용도나 취향에 따라 다른 형태의 것을 사용할 수도 있습니다.

LED 소자는 반도체의 한 종류이기 때문에 어느 정도 큰 회사만이 만들 수 있고, 국산이 품질이 좋습니다. 제품 소개에 LED 소자를 어디서 만든 것인지 나와 있지 않은 것은 피하는 게 좋습니다. LED 등기구는 간단한 회로이기 때문에 쉽게 만들 수 있어서 많은 곳에서 만듭니다. 우리가 모든 회사를 알 수는 없는 노릇이므로 너무 싼 제품은 피하시고 제품 설명이 잘 되어 있는 회사의 제품을 고르시기 바랍니다. 큰 회사에서 만든 제품은 믿을 만한 대신 가격이 비쌉니다.

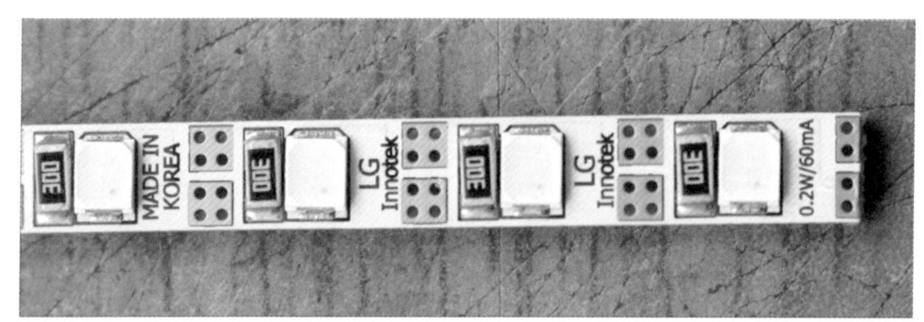

그림 4-20
회로 기판 위에 납땜 되어 있는 LED 소자와 저항. 노란색 사각형이 LED 소자이고 '300'이라고 적혀 있는 것이 저항이다. 필요한 만큼 잘라서 쓸 수 있다.

❖ 직류를 쓰는 LED 모듈

LED 모듈은 여러 가지 모양의 것이 시중에 나와 있습니다. 흔히 가게의 윈도우 디스플레이에 많이 쓰이고, 보통 12V나 24V의 직류를 사용하기 때문에 어댑터를 사용해야 합니다. LED 모듈은 다양한 형태의 광원 배치를 연출할 수 있습니다.

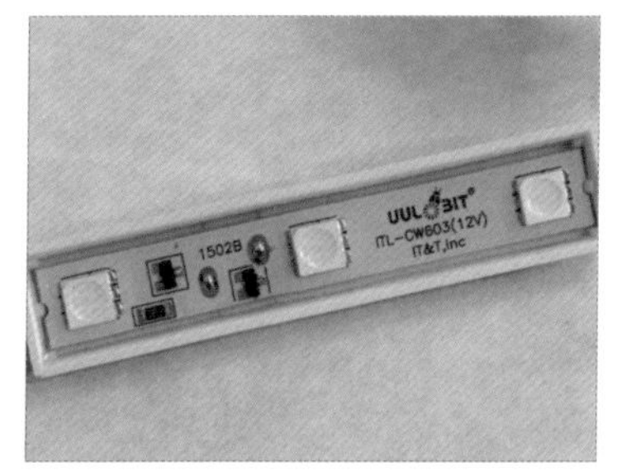

그림 4-21(좌)
LED 3구 모듈. 가게의 장식에 많이 사용된다. 대부분 뒷면에 양면테이프가 부착되어 있다. 직류 전원 장치(어댑터)가 필요하다.

그림 4-22(우)
직류 전원 장치의 일종인 어댑터. 교류 220V를 직류로 바꾸어 준다. LED의 전압을 확인해서 맞는 것으로 사야 한다.

대부분의 LED 모듈은 부착하기 쉽게 양면테이프를 붙여 놓았습니다. 그림 4-23과 같이 사각선반에 LED 모듈을 설치하여 수경재배기를 꾸밀 수 있습니다. 이렇게 하면 모양이 깔끔하게 되기 때문에 실내 장식 효과도 가지게 됩니다. 왼쪽 것은 뒤가 막혀 있어 뒷면에도 LED를 붙여서 별이 빛나는 것처럼 연출할 수 있고, 오른쪽 것은 뒤가 뚫려 있어 뒤의 배경을 살리거나 벽에 걸 수도 있습니다. 설치하기 위해서는 간단한 배선 작업이 필요합니다.

그림 4-23
미래산업과학고등학교 수경재배 동아리 활동을 하면서 만든 수경재배기. 사각선반에 LED 3구 모듈을 이용하여 빛을 공급한 예.

❖ T5형 LED

T5형 LED는 대량생산되어 값이 싼 편이고 설치가 간편합니다. 그림 4-24는 포장에서 내용물을 꺼내었을 때의 모습입니다.

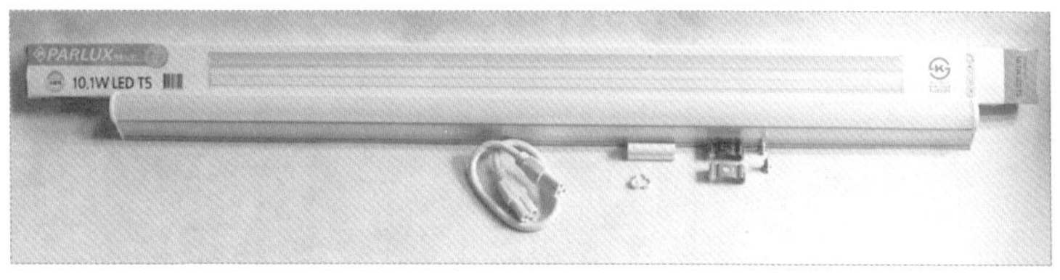

그림 4-24
LED T5형. 클립을 고정시킨 후 LED를 밀어서 끼우면 고정된다. LED끼리 밀착해서 연결할 수도 있고 중간 연결선을 이용해 연결할 수도 있다. 무엇보다 좋은 것은 플러그 코드선을 220V에 꽂아서 바로 쓸 수 있어서 전선 연결 작업이 필요 없다는 점이다.

그림 4-25는 LED T5형의 여러 가지 부품들입니다. A는 연결 소켓으로, LED 램프끼리 연결할 때 사용합니다. 길이가 약 20cm인 유연한 전선으로 되어 있어 LED 램프를 꺾어서 배치하거나 띄어서 배치할 때에 유용합니다. B는 연결 잭으로, LED 램프 사이에 끼워서 마치 하나의 긴 LED 램프인 것처럼 연결할 때에 사용합니다. C는 캡으

로, 사용하지 않는 연결용 구멍을 막아 두는 데에 사용합니다. D는 클립으로, LED 램프를 고정하고 싶은 곳에 나사못(E)으로 고정합니다. 클립에 LED 램프를 끼우는 것으로 고정이 완료됩니다.

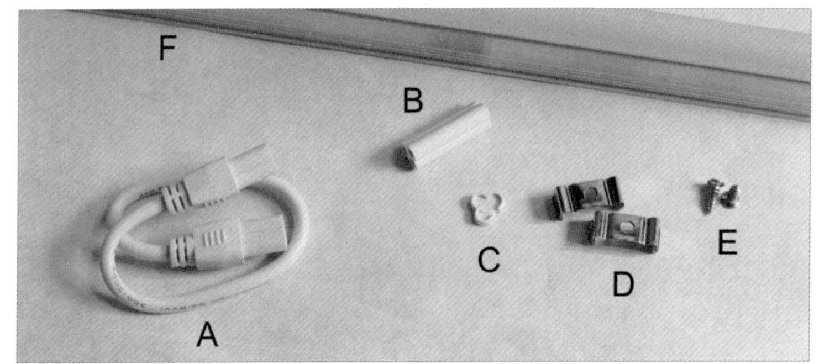

그림 4-25
LED T5의 부품. A: LED 연결 소켓, B: LED 연결 잭, C: 캡, D: 클립, E: 클립 고정용 나사못, F: LED 램프

LED 램프끼리는 연결 소켓이나 연결 잭으로 연결하고, 전원을 공급하는 것은 그림 4-26의 플러그 코드를 220V 콘센트에 꽂는 것으로 끝납니다. ON/OFF를 위해서는 콘센트 타이머나 스위치가 달린 멀티탭을 사용할 수 있습니다.

LED 램프끼리 연결할 수 있다고 해서 무한정 많은 수를 연결할 수는 없습니다. 제품을 구입할 때 몇 개까지 이어서 사용할 수 있는지 확인하세요. 대략 하나의 LED 램프의 전력을 확인한 후 합친 값이 100W 이하가 되도록 LED 램프의 수를 제한하는 것이 좋습니다.

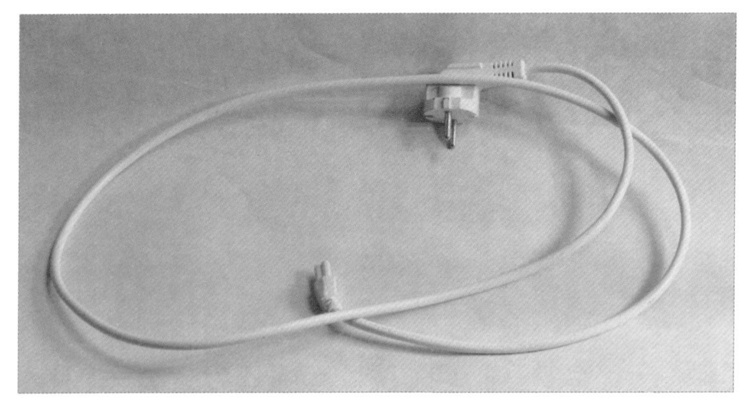

그림 4-26
LED T5용 플러그 코드. LED 램프를 살 때 추가 부품으로 구매할 수 있다. 하나만 사고 LED 램프끼리는 LED 램프를 살 때 기본으로 제공되는 연결 소켓을 이용하면 된다.

그림 4-27
LED T5형이 설치된 재배기. 빛이 잘 들지 않는 거실이라 한 단에 5개씩 설치했다.

❖ 전구형 LED 램프

전구형 LED 램프는 예전에 많이 사용하던 백열등과 같은 규격의 소켓(E26)[22]을 사용합니다. 천장에 매다는 방식으로 설치할 수도 있고, 장스탠드를 사용할 수도 있습니다. 빛을 식물 쪽으로 많이 가게 하려면 갓이 있는 소켓을 사용하는 것이 좋습니다. 전구형 LED 램프는 미관상 좋아 보이기 때문에 실내에서 식물을 기를 때 고려해 볼 만합니다. 다만 램프로부터 멀어질수록 빛의 세기가 급격히 줄어드니 키가 큰 식물이나 수직으로 여러 층으로 식물을 키우는 방식에 적용할 때에는 보완책이 필요합니다.

그림 4-28
전구형 LED 램프. 백열전구를 꽂는 소켓에 꽂아 쓸 수 있다.

그림 4-29
빛의 부족을 보충하기 위해 장스탠드를 사용하는 모습. 전구형 LED 램프를 끼우기만 하면 된다.

22) 전구의 베이스 지름이 26mm임을 뜻한다.

그림 4-30
전구형 LED 램프를 프레임에 매다는 방법도 있다. 갓을 씌우지 않으면 식물로 가는 빛의 양이 줄어들지만 주변까지 빛이 퍼져 조명의 효과가 있다.

3. 반사판의 설치

갓이 없는 형태의 LED 램프를 사용하면 일부의 빛이 식물에게 가지 않고 새어나가게 됩니다. 저는 새어나가는 빛을 이용하여 재배기의 옆에 다른 식물을 키워서 별 불만이 없지만 빛을 최대한 효율적으로 사용하고 싶은 분이라면 새어나가는 빛을 단속할 필요가 있습니다.

6 식물과 전등 지지하기

1. 식물과 전등을 지지한 예

그림 4-31은 갓이 있는 전구형 LED를 천장에 매단 모습입니다. 전선을 천장에 고정하기 위해 천장 원반 후크와 카라비너를 사용했습니다. 천장 고리가 있는데 왜 카라비너까지 사용하는지 궁금할 수도 있는데, 전선은 잘 구부러지지 않아 조그마한 후크에 묶기가 힘들기 때문입니다. 천장 원반 후크 외에 여러 가지 고정할 수 있는 부품들이 있으니 '천장 고리'라는 검색어로 찾아보시기 바랍니다.

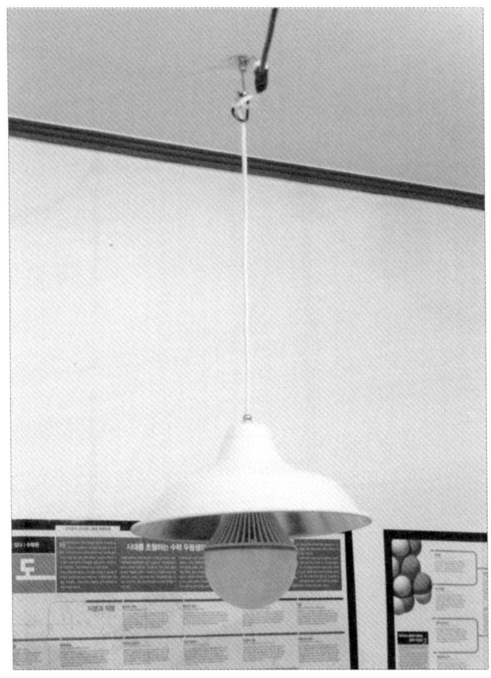

그림 4-31
천장에 전구를 매단 모습. 천장 고리와 카라비너를 이용했다.

그림 4-32는 고리와 카라비너(carabiner)를 써서 전선을 고정한 모습입니다. 카라비너는 그림 4-33과 같이 생긴 고리인데, 누르면 고리가 열려서 편리합니다. 전문 암벽용이 아니라 캠핑용 값싼 것을 사시기 바랍니다. 그림 4-32의 전구가 달려 있는 아래쪽의 전선이 당겨지면 오른쪽 전선을 조이게 되어 매듭이 움직이지 않게 된다는 것을 알 수 있습니다. 전구를 내리려면 오른쪽 전선을 밀어 넣은 후 아래쪽 전선을 당깁니다. 반대로 전구를 올리려면 아래 전선을 위로 밀어 올린 후 오른쪽 전선을 당깁니다. 이러한 방법으로 식물이 자람에 따라 전구의 위치를 쉽게 조절할 수가 있습니다.

그림 4-32
전구의 높이를 조절하기 위한 매듭. 전선은 마찰력이 커서 슬쩍 조여 주는 매듭만으로 고정이 된다. 전구가 달려 있는 수직 방향의 전선이 오른쪽에서 오는 전선을 조이고 있다.

그림 4-33
카라비너. 전문 암벽용은 비싸지만 캠핑용이나 열쇠고리 용도는 싸게 살 수 있다.

그림 4-34는 가로 기둥에 전등을 단 전선을 고정한 모습입니다. 이렇게 전등을 고정하면 평소에는 전등의 무게로 전선의 매듭이 조여져서 움직이지 않게 됩니다. 식물이 자라서 전등의 위치를 올려야 될 때는 아래쪽의 전선을 밀어 올려 매듭을 느슨하게 한 다음 위쪽 전선을 당겨 매듭이 조이게 합니다. 반대로 전등을 아래로 내리고 싶으면 위쪽 전선을 밀어 넣어 매듭을 느슨하게 하고 아래쪽으로 전선을 빼냅니다.

그림 4-34
가로로 된 기둥에 전선을 고정한 모습. 평소에는 전등의 무게로 고정되어 있지만 어느 쪽 전선이든 밀어 넣으면 길이 조절이 가능하다.

텃밭을 해 보신 분이라면 키가 큰 식물은 지지를 잘 해 주어야 한다는 것을 경험했을 겁니다. 수경재배로 식물을 키울 때에도 키가 큰 식물은 잘 잡아 주어야 합니다.

토경재배에서 식물을 고정하는 방법은 대개 흙에 막대를 꽂고 식물의 줄기를 막대에 의지하도록 묶어 주는 것입니다. 좀 더 큰 규모로는 막대를 여러 개 박아 막대끼리 연결하여 틀을 만드는 방법도 있습니다. 막대를 흙에 박을 때에는 묵직한 망치나 돌로 여러 번 내리쳐야 합니다. 수경재배에서는 배지가 있는 방식이더라도 배지가 깊지 않은 경우가 많고 재배용기가 망가질 우려가 있기 때문에 토경재배에서처럼 막대를 내리칠 수가 없으니 다른 방법으로 식물을 고정해야 합니다.

그림 4-35
옥상에서 식물을 지지하기 위해 막대를 세운 모습

그림 4-36
2.4L 꿀병에 물을 담아 끈을 고정한 모습

옥상에서 식물을 지지하려면 난감할 수가 있습니다. 배지가 없거나 있다 하더라도 깊지 않아 막대를 잘 잡아 주지 못하고, 하늘은 뻥 뚫려 있어 끈을 매달 곳도 없습니다. 이럴 경우에는 그림 4-35와 같이 막대를 세워서 고정하는 방법이 있습니다. 바닥에 막대를 세우기 위해 여러 개의 끈으로 막대를 묶고 끈을 여러 방향으로 잡아당겨 돌과 같이 무거운 물체에 묶습니다. 돌이 없으면 용기에 모래나 물을 넣어 사용할 수 있습니다. 더 좋은 방법은 미리 틀을 만들어 두는 것입니다. 이렇게 해 두면 식물이 자람에 맞추어 간단히 묶어 주기만 하면 되기 때문에 지지대를 세우느라고 식물이 다칠 일이 없습니다.

옥상에서는 기둥을 세워야 하지만 실내에서 식물을 키우면 식물이나 전등을 고정하기가 한결 쉬워집니다.

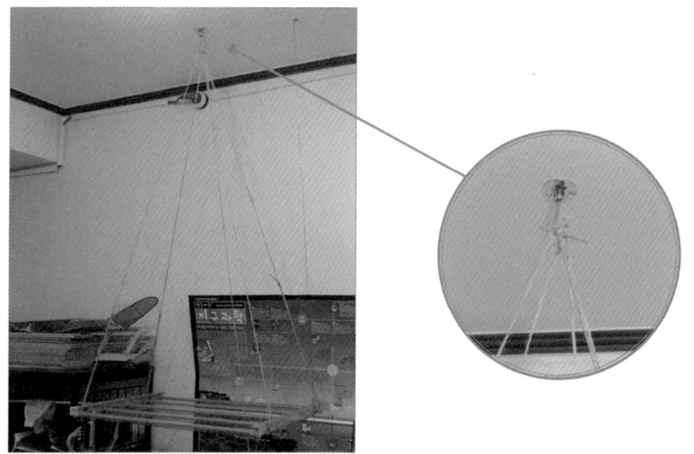

그림 4-37
LED 바를 여럿 사용한 사각형의 LED 램프를 천장에 매단 모습. 천장에 고리를 고정했고, 끈은 길이를 조절할 수 있게 해서 LED 램프가 수평과 높이를 유지할 수 있도록 했다.

그림 4-38
천장에 고정한 갈고리에 끈을 묶은 모습.

그림 4-37은 사각형 모양의 LED 램프를 천장에 매달아 놓은 모습입니다. 그림 4-38과 같이 천장에 고리를 고정하면 끈을 묶기가 쉽습니다. 천장의 고리로부터 LED 램프의 귀퉁이까지 4개의 끈으로 연결했습니다. 램프의 균형을 맞추기 위해 길이 조정이 가능한 매듭법을 사용하는 것이 좋습니다.

그림 4-39
메탈 선반에 끈을 이용하여 당조 고추를 고정한 모습.

그림 4-40
사무실의 천장으로부터 끈을 내려 파프리카와 청월피망을 고정한 모습. 실내는 천장이 있어서 식물 고정이 편리하다.

그림 4-39는 메탈 선반에서 키우는 당조고추를 끈으로 고정한 모습입니다. 실내에서 식물을 기를 때에 선반을 사용하면 전등과 식물을 상당히 편하게 고정할 수 있습니다. 그림 4-40은 사무실의 천장으로부터 끈을 내려 식물을 고정한 모습입니다. 대상만 식물일 뿐 앞에서 LED 램프를 고정한 것과 같은 방법이 쓰입니다.

그림 4-41
식물 가까이에 기둥이 있다면 기둥을 이용하여 식물을 고정할 수 있다. 끈의 길이와 높이 조절을 쉽게 하는 것이 핵심이다.

그림 4-41은 매끈한 기둥을 가진 틀에서 자라는 키 큰 식물인 노랑 파프리카를 고정한 모습입니다. 재배기 위쪽에서 끈을 내리는 방법은 위에 있는 전등에 끈이 닿을 수 있기 때문에 기둥으로 고정하는 방식을 썼습니다. 이 방법은 끈의 길이가 짧아 보여 깔끔하다는 장점이 있습니다.

그림 4-42는 가구에 있는 격자에 막대를 끼워 LED 램프와 식물을 고정한 예입니다. 이렇듯 실내에서는 천장, 벽, 가구 등을 식물과 램프를 고정하는 데 사용할 수 있습니다.

그림 4-42
가구에 막대를 끼워서 식물과 램프를 고정한 예. 가구에 마침 철로 된 격자가 있어서 그 사이로 알루미늄 막대를 끼워 넣고, 알루미늄 막대에 식물과 램프(오른쪽 아래)을 고정했다.

2. 길이 조절이 가능한 매듭법

앞에서 식물과 전등을 끈으로 고정할 때에 길이 조절이 가능한 예를 많이 들었습니다. 여기서는 길이 조절이 가능하도록 끈을 묶는 법에 대해 소개하겠습니다.

❖ 끈끼리 묶을 때

그림 4-43은 그림 4-37에 적용한 매듭을 확대한 것입니다. 이 방법으로 천장에서 끈을 내려 식물이나 전등을 고정할 때 끈의 길이를 조절할 수 있습니다. 이 매듭은 아래쪽에서 당기면 움직이지 않지만 매듭을 잡고 위아래로 움직이면 쉽게 움직이기 때문에 길이를 조절할 때 편리하게 사용할 수 있습니다.

그림 4-43
끈에 끈을 묶어 길이 조절이 쉬운 매듭. 고리로 된 아랫부분을 당기면 움직이지 않지만 매듭을 손으로 잡고 움직이면 움직인다.

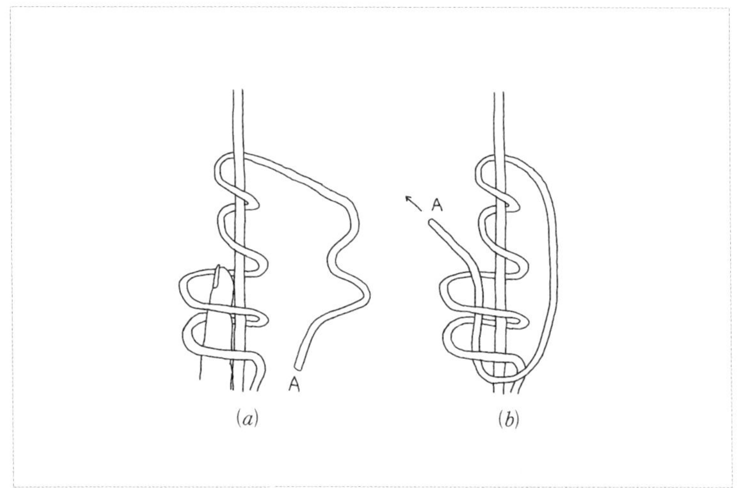

그림 4-44
끈 길이를 조절할 수 있는 매듭 만들기. 손가락을 이용하여 감은 후 끈의 끝 A를 통과시킨다.

그림 4-44는 끈의 길이를 조절하기 쉬운 매듭을 만드는 방법입니다. 위로부터 직선으로 내려온 끈이 아래로 내려가 식물을 묶은 다음 손가락 쪽으로 올라왔습니다. 그 끈을 (a)처럼 손가락에 몇 번 감은 후 위쪽 끈을 몇 번 감습니다. 끈의 끝 A를 감기 시작한 곳으로 가져와 손가락을 빼면서 통과시켜 중간에서 빼냅니다(b). 이렇게 매듭을 만들면 아래쪽에서 잡아당길 때는 움직이지 않지만 손으로 매듭을 잡고 움직이면 움직입니다. 이 방법은 옥상에 기둥을 세울 때, 천장에서 끈을 내려 식물을 고정할 때, 기둥에 높이를 조절할 수 있도록 묶을 때에 활용할 수 있습니다. 기둥에 적용할 때에는 기둥을 굵은 끈으로 생각하고 적용하면 됩니다.

마 끈과 같이 잘 미끄러지지 않는 끈은 감는 횟수를 줄이고, 합성 섬유로 만들어 미끄러운 끈은 감는 횟수를 늘려 줍니다.

❖ 움직이는 길이가 길 때

다음 그림은 고리에 끈을 묶는 방법을 설명합니다. 그림 4-43과 4-44의 방법이 끈 길이 조절할 때 유용하지만 조절 범위가 클 때는 매듭이 끝까지 가도 안 되는 경우가 있습니다. 이럴 경우 매듭을 풀어서 길이를 조절하고 다시 매듭을 만들어도 되지만 그러한 일이 잦아지면 아예 끈 자체를 당겨서 길이를 조절하는 편이 낫습니다. 그림 4-45부터 그림 4-48은 이럴 경우에 유용하게 사용할 수 있는 방법입니다. 예를 들어, 왼쪽 끈을 더 잡아당겨 고정해야 할 경우 왼쪽 끈을 매듭쪽으로 밀어 넣어 필요한 길이가 되게 한 후 오른쪽 끈을 잡아당기면 고정됩니다. 반대 방향으로도 같은 방법으로 길이를 조절할 수 있습니다.

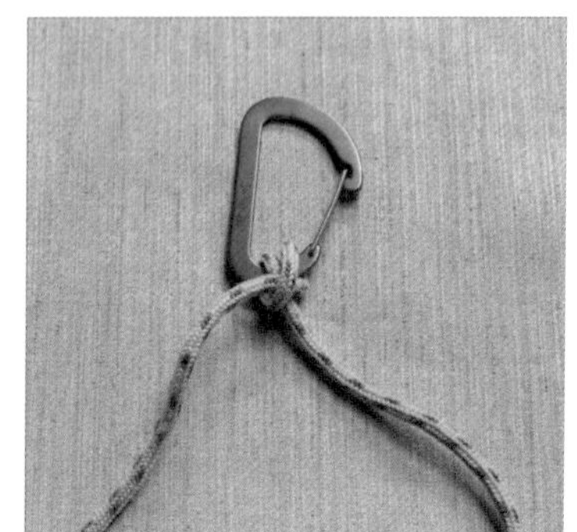

그림 4-45(왼쪽 위부터)
끈을 같은 방향으로 돌려 원을 두 개 만든다.

그림 4-46
안쪽 끈이 서로 맞닿도록 포갠다.

그림 4-47
가운데를 고리에 끼운다.

그림 4-48
당겨질 끈을 잡아당긴다.

지금까지 전선으로 전등의 위치를 고정하는 방법과 끈을 이용하여 전등이나 식물을 고정하는 방법을 살펴보았습니다. 전선 피복은 고무처럼 마찰이 크고 속에는 구리선이 있기 때문에 간단히 묶어도 잘 고정됩니다. 끈은 마 끈처럼 잘 미끄러지지 않는 재질이 있는가하면 나일론 끈처럼 미끄러운 재질도 있습니다. 미끄러울수록 감는 수를 늘려 가면서 해 보면 적당한 정도를 찾을 수 있습니다.

7 병충해 관리하기

1. 수경재배에서 병충해의 특징

토경재배에서는 바이러스, 세균, 해충이 흙에 머물다가 식물로 가서 활동하기 때문에 농가에서 토양을 소독하기도 합니다만, 수경재배에서는 흙에 잠복해 있다가 발생하는 병충해가 없다는 장점이 있습니다. 수경재배에서는 식물을 키우기 시작할 때 새 양액과 배지를 사용합니다. 토양에 사는 바이러스나 해충은 양액에서 살 수 없고, 많은 종류의 인공 배지는 만드는 과정에서 고온으로 가열하기 때문에 멸균된 상태입니다. 이런 이유로 수경재배에서는 토양에 잠복해 있는 바이러스, 세균, 해충이 없는 상태로 시작할 수 있습니다. 그러나 식물을 기르는 중에 날아 와서 배지로 들어가 식물을 공격하는 해충은 있을 수 있습니다.

대략적으로 설명 드리자면, 실외에서 배지를 사용하는 방식은 텃밭과 유사한 방식으로 병충해 관리를 할 수 있습니다. 실외이지만 양액만 사용하는 방식에서는 양액이 오염되지 않도록 추가적인 주의가 필요합니다. 양액의 색깔이 달라지거나 냄새가 나면 양액을 모두 빼내고 물로 뿌리를 씻은 다음 새로운 양액을 넣어 줍니다.

실내에서는 특히 인체에 무해하고 나쁜 냄새가 나지 않는 천연 농약을 사용해야 합니다. 양액만 사용하는 방식은 양액이 오염되지 않도록 주의해야 합니다.

❖ 실외 수경재배의 병충해 관리

실외에서 수경재배를 할 때 오는 병충해는 텃밭에서의 병충해와 비슷합니다. 다만 텃밭에서 흙 속에 잠복해 있다가 발생하는 병충해가 수경재배에서는 없습니다. 발생한다고 하더라도 다른 곳에서 발생한 것이 온 것입니다. 근처에 텃밭이 없다면 기어서 오는 벌레는 못 온다고 봐야 하고, 날아서 오는 것은 멀리서도 올 수 있습니다.

큰 해충은 세탁망과 같이 눈이 작은 망을 씌워서 예방할 수 있습니다. 그러나 이미 해충이 생겼을 때는 세탁망을 씌우지 않는 것이 좋습니다. 천적이 와서 해충을 잡아먹는 것도 방해하기 때문입니다.

실외에서의 병충해 관리는 텃밭에서의 병충해 관리를 적용하면 됩니다. 다만 친환경 농약을 쓸 때에는 농약이 양액에 흘러들어가지 않도록 주의할 필요가 있습니다. 난황유와 같은 천연 농약은 유기 물질이라 시간이 지나면 농약 자체가 부패하면서 양액의 질을 떨어뜨리게 되므로 수경재배에서는 사용하지 않는 것이 좋습니다.

실외에서는 잘라낸 줄기나 잎을 말리는 데에 쓰는 용기가 있으면 좋습니다. 토경재배에서는 병이 들지 않은 잎과 줄기를 멀칭[23]하는 데에 사용할 수도 있지만 수경재배는 양액과 배지에 이물질이 들어가지 않는 것이 좋기 때문에 말려서 버리는 것이 좋습니다.

❖ 실내 수경재배의 병충해 관리

실내에서 수경재배를 하면 큰 벌레는 거의 생기지 않습니다. 대신 통풍, 온도, 습도가 맞지 않아 병충해가 생길 수가 있습니다. 해충이 식물에 도달하기 위해서는 방충망과 문을 통과해야만 하는데, 덩치가 큰 해충에게는 쉬운 일이 아니지만 문을 여닫을 때 해충이 함께 들어올 수 있습니다. 또 구멍이 난 방충망이나 전기선, 인터넷 선, 에어컨 선 등이 들어오는 틈이나 배수구로 해충이 들어올 수도 있습니다. 하지만 텃밭보다는 현저히 해충이 적은 것은 부인할 수 없는 사실입니다.

양액만으로 키우는 재배기에 해충이 생겼을 때는 마른 잎과 늙은 잎을 제거하고 식물을 들어내어 화장실에서 천연 농약을 뿌린 다음 잠시 용기에 담아 두고, 그동안 재배기와 근처의 바닥을 소독용 알코올이나 소독용 세제 등으로 깨끗이 닦아 줍니다. 알코올로 닦으면 병해충을 죽이는 효과도 있고 빨리 증발해서 헹구지 않아도 되는 이점이 있습니다. 소독용 세제 등을 사용했을 때는 반드시 잘 헹구어 주어야 합니다. 재배기와 근처의 청소가 끝났으면 식물을 잘 헹군 다음 재배기에 넣어 줍니다.

---

23) 멀칭(mulching): 농작물이 자라고 있는 땅을 짚이나 비닐 따위로 덮는 일. 농작물의 뿌리를 보호하고 땅의 온도를 유지하며, 흙의 건조 · 병충해 · 잡초 따위를 막을 수 있다.

2. 병충해에 강하게 하는 가장 기본적인 방법

건강한 식물을 키우는 첫 번째 조건은 좋은 씨앗이나 모종을 사용하는 것입니다. 병에 걸렸던 식물로부터 받은 씨앗은 약하거나 병균에 감염되어 있을 수 있습니다. 불량한 씨앗을 심으면 아무리 정성들여 키우려 해도 노력만큼 결과가 나오지 않습니다. 모종 또한 약하거나 병에 걸리지 않은 건강한 것을 선택하는 것이 중요합니다.

좋은 씨앗을 심었다면 식물에게 알맞은 환경을 제공하는 것이 두 번째 조건입니다. 환경이 맞지 않으면 식물이 약해지고, 해충과 질병에 맞서 싸우기가 힘들어집니다. 취미로 식물을 키우는 입장에서 습도까지 조절하기는 어렵지만 빛, 영양, 온도, 통풍, 식물 간 거리, 곁순 따기, 가지치기, 늙은 잎과 병든 잎 따주기, 청결, 방충 등을 지킬수록 식물이 건강하게 자랍니다. 환경이 맞지 않으면 식물은 계속 병충해를 입을 것입니다.

3. 수경재배에서의 병충해와 대책

❖ 총채벌레

그림 4-49
총채벌레. 길이가 1~2mm 정도이다. 식물에 희끄무레한 작은 점들이 생긴다.

그림 4-50
총채벌레의 피해. 총채벌레는 종류가 많고, 종류별로 피해를 입히는 식물이 따로 있는 편이다.

총채벌레는 잎, 줄기, 꽃, 열매 할 것 없이 식물의 즙을 빨아 먹는 해충입니다. 총채벌레가 생기면 잎, 줄기, 열매에서 노란색을 띤 흰색의 작은 점들이 쇠에 녹스는 것처럼 생깁니다. 피해를 입은 표면이 약간의 광택을 띠는 것이 특징입니다. 피해를 입은 면적이 집중되면 전체가 갈색을 띠면서 마릅니다. 총채벌레는 종류가 상당히 많고, 식물마다 주로 생기는 총채벌레의 종류가 다른 편입니다. 마늘이나 파와 같은 식물에 발생하면 잎의 틈 깊숙한 곳에 많이 숨어 있습니다. 고온 건조할 때 잘 발생합니다.

방제법

- 부드러운 몸을 가진 해충에 적용하는 방제법을 따릅니다.

❖ 버섯파리 애벌레

버섯파리는 버섯을 키우는 곳에서 잘 생긴다고 하여 이러한 이름이 붙었습니다. 버섯을 키우고 난 찌꺼기를 장수풍뎅이 등의 먹이로 쓰기 때문에 거기서도 많이 발생합니다. 버섯파리의 성충은 식물 주변, 특히 배지 근처에서 날아다닙니다. 잎에서 영양분을 빨아 먹지도 않고 별로 잘 날지도 못해서 물이나 양액에 빠져 죽을 때가 많아 해충이라 생각하지 않는 수가 있지만, 버섯파리가 날아다닌다면 그 근처의 식물이 공격받고 있다고 생각해야 합니다. 버섯파리의 애벌레는 투명한 작은 구더기처럼 생겼는데, 양액에 의해 젖어 있는 씨앗, 뿌리, 줄기를 갉아 먹어 시꺼멓게 만듭니다. 버섯파리는 배지 표면의 녹조도 즐겨 먹기 때문에 배지에 녹조가 생기면 버섯파리가 오기 쉽습니다.

그림 4-51
버섯파리. 파리보다는 모기처럼 난다. 4~5mm로 모기 크기의 1/2~1/3 크기이다. 비행 실력이 그다지 좋지 않아 물에 잘 빠져 죽는다.

그림 4-52
식물의 조직을 갉아 먹고 있는 버섯파리 애벌레. 약 5mm 로 투명하다.

- 성충은 보이는 대로 잡아 줍니다. 비행 실력이 나빠 물 스프레이만 뿌려도 물에 휩쓸려 바닥에 떨어져 죽습니다.
- 배지가 있는 방식에서는 액체로 된 천연 농약을 배지에 흠뻑 뿌려 줍니다.
- 양액으로만 키우는 식물은 뿌리를 들어내어 양액에 젖은 줄기와 뿌리에 천연 농약을 흠뻑 뿌려 준 다음 10분 쯤 있다가 물로 씻은 후 양액에 담급니다.

❖ 배추흰나비 애벌레

배추흰나비 애벌레는 배추, 양배추, 무, 케일, 브로콜리, 열무 등에서 흔히 볼 수 있는 해충입니다. 잎을 먹는데, 먹은 자리가 크고 깨끗하게 잘려 나간다는 특징이 있습니다. 녹색이라서 눈에 잘 띄지 않지만 검은 똥을 남기므로 똥 근처를 잘 살펴보면 찾을 수 있습니다. 배추흰나비 애벌레는 배추흰나비가 알을 낳아야 생기기 때문에 실내에서 키우는 식물에서는 생기지 않습니다. 배추흰나비 애벌레는 자주 살피면서 잡아 주기만 하면 큰 피해를 입지 않습니다.

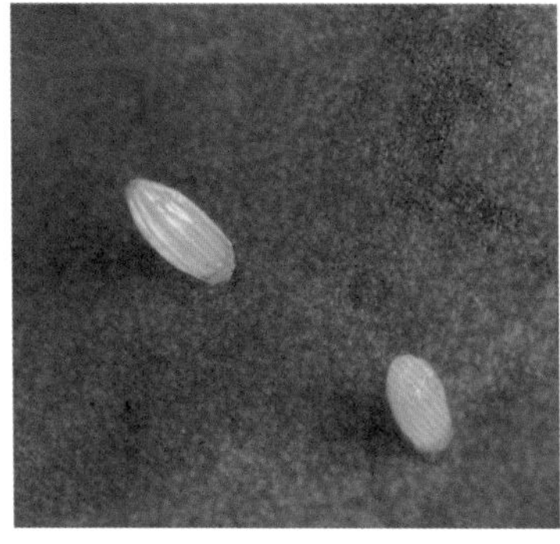

그림 4-53
배추흰나비의 애벌레. 녹색을 띠고 있어서 찾기가 어렵다.

그림 4-54
배추흰나비의 알. 길이가 1mm도 안된다.

- 식물을 실외에서 키울 때에는 세탁망이나 눈이 촘촘한 망을 식물에 씌우면 배추흰나비가 알을 낳는 것을 막을 수 있습니다. 망과 식물 사이의 공간을 충분히 두어 나비가 식물에 접촉하지 못하도록 해야 합니다.
- 이미 애벌레가 생겼으면 잡아 줍니다. 배추흰나비 애벌레는 몸집이 커서 핀셋으로 쉽게 잡을 수 있습니다. 잡을 때 주의해야 할 점은 한 번에 확실히 집어야 한다는 것입니다. 잘못해서 집다가 놓치면 스스로 잎에

서 굴러 떨어지는데, 그러다가 깊숙한 잎 사이에 끼이면 잡기가 어려워 집니다.

- 애벌레를 잡을 때 낳아 놓은 알도 찾아서 눌러 터뜨립니다.
- 배추흰나비 애벌레를 방지하는 것으로 알려진 마늘, 파, 토마토, 양파, 세이지, 로즈마리를 미리 배추 곁에 심습니다.
- 애벌레를 잡아먹는 동물을 끌어들이기 위해 꽃식물과 허브를 가까이 심는 방법도 있습니다.
- 천연 농약을 만들어 뿌립니다.

❖ 이십팔점박이무당벌레

이십팔점박이무당벌레는 흙에서 월동하는 해충이라 수경재배 방식에서는 월동을 할 수 없지만, 성충이 날아서 올 수 있기 때문에 실외에서 키울 때에는 피해를 볼 수 있습니다.

이십팔점박이무당벌레는 감자, 가지과(가지, 고추, 토마토), 오이 등에 자주 나타납니다. 잎에 그물처럼 잎맥만 남기고 갉아 먹습니다. 눈에 잘 띄는 해충이므로 보이는 대로 잡습니다.

그림 4-55
이십팔점박이무당벌레. 초식성이라서 작물을 갉아 먹는 해충이다.

❖ 온실가루이

온실가루이는 크기가 2mm도 안되는 하얀 나방같이 생긴 날벌레입니다. 종이비행기 모양의 길쭉한 삼각형을 하고 있습니다. 크기가 작지만 하얀색을 띠고 있어서 쉽게 찾을 수 있습니다. 주로 잎의 뒷면에 붙어 있습니다. 잎을 툭 치면 멀리 날지 않고 근처에 다시 앉습니다. 가지과와 박과 식물에 많이 나타납니다. 식물의 즙을 빨아 먹고, 배설물로 인해 그을음병이 발생할 수 있습니다.

그림 4-56
온실가루이의 성충

• 껍질이 부드러운 해충에 쓰는 천연 농약을 사용합니다.

❖ 진딧물

그림 4-57
개미의 보호를 받는 진딧물

진딧물은 거의 모든 식물에 나타나기 때문에 식물을 키우면서 자주 접하는 해충이라 할 수 있습니다. 크기는 침핀의 핀 머리 정도 되며, 대롱처럼 생긴 입으로 식물의 줄기나 잎에서 즙을 빨아 먹습니다. 몇 마리 안 될 때는 별 피해가 없지만 많은 수가 빽빽하게 붙어 식물의 즙을 빨면 잎이 오그라듭니다. 즙을 빨아 먹는 것도 식물에게 피해를 주지만 더 큰 문제는 감로를 흘려서 바이러스에 의한 병을 옮긴다는 것입니다. 잎이나 바닥에 식용유가 튄 것 같은 번들거리는 자국이 있거나 개미가 많아졌다면 진딧물이 있는지 확인해야 합니다.

실외에서 진딧물이 생기면 붓으로 털어 주면서 며칠만 기다려 봅니다. 무당벌레나 풀잠자리가 날아 와서 진딧물을 없애 주기도 합니다. 진딧물은 크기가 작아 방충망도 통과하기 때문에 실내에서 키우는 식물도 안심할 수 없습니다. 여름철 문을 열어둔 베란다에서 방충망을 통과하여 들어와 식물에 큰 피해를 주기도 합니다.

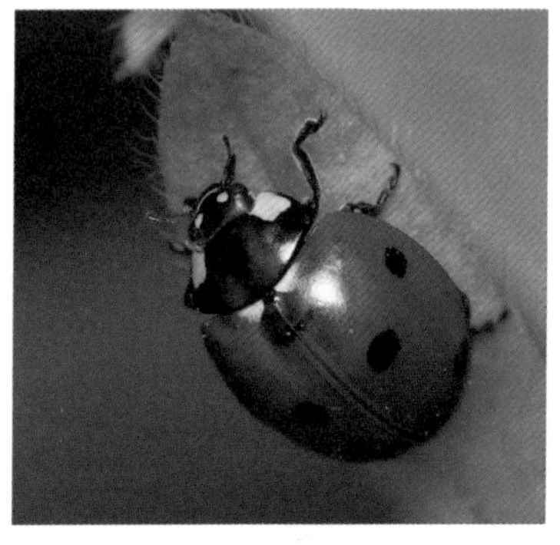

그림 4-58
대표적인 익충인 칠성무당벌레. 진딧물이 극성을 부리는 곳에 손님으로 초대하고 싶은 곤충이다.

그림 4-59
풀잠자리. 생긴 것도 예쁘지만 진딧물을 잡아먹는 익충이다.

- 껍질이 부드러운 해충에 사용하는 천연 농약으로 없앨 수 있습니다.
- 실외의 경우 풀잠자리와 칠성무당벌레가 날아와 있다면 이들에게 맡겨 봅니다.

❖ 응애

응애는 크게 거미 종류에 속하고 그중에서 진드기에 속하는데, 진드기 중에서 일반적으로 진드기라고 부르는 것 외의 것을 응애라고 합니다. 작아서 얼핏 보면 그냥 작은 점이 움직여 다니는 것처럼 보입니다. 잎에 노란색이나 흰색의 작은 점이 생기면서 번져 나가고, 거미줄 같은 것이 잎을 감싸고 거기로 아주 작은 점 같은 것이 다니고 있다면 응애입니다. 공기의 흐름이 나쁜 곳에서 잘 생깁니다. 너무 작아서 방충망도 통과합니다.

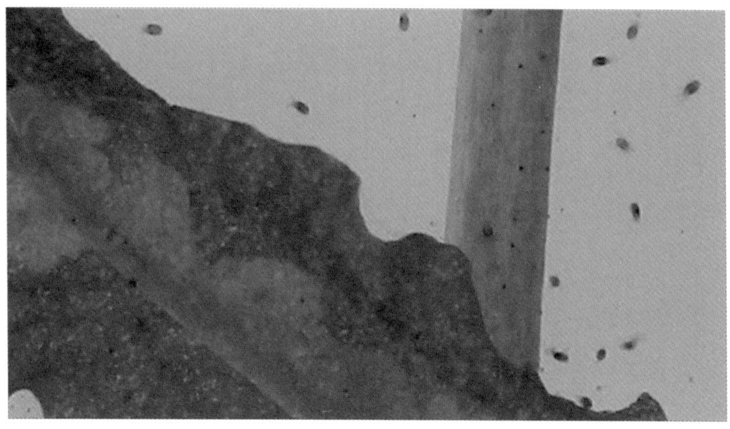

그림 4-60
상추를 점령한 응애. 거미줄 같은 것을 쳐서 이동한다.

• 껍질이 부드러운 해충에 쓰는 천연 농약으로 없앨 수 있습니다.

❖ 흰가루병

밀가루가 붙어 있는 것처럼 보이는 흰가루병은 거의 모든 작물에 걸쳐서 나타납니다. 버섯이나 곰팡이와 유사하게 균의 포자가 바람에 날려서 퍼집니다. 균은 너무 작기 때문에 방충망으로 방지할 수는 없습니다. 공기가 서늘하고 습기가 높을 때 잘 발생합니다.

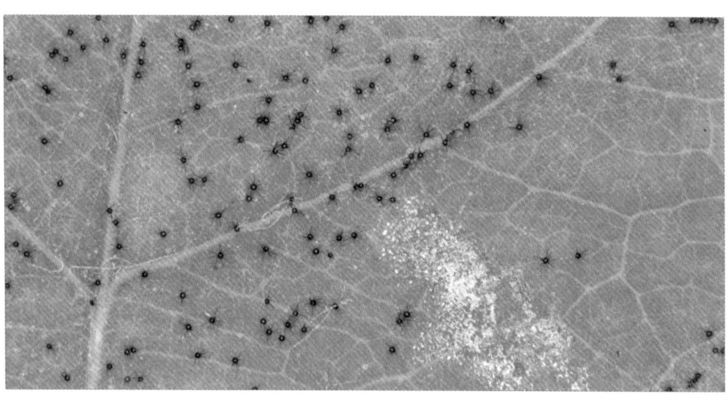

그림 4-61
흰가루병이 생긴 잎. 밀가루처럼 보이는 것이 흰가루병이 걸렸을 때 나타나는 특징이다.

- 흰가루병이 생긴 잎을 따서 물로 씻은 다음 말려서 버립니다. 잎을 부주의하게 다루면 포자가 날려서 다른 식물에 번질 수가 있습니다.
- 물에 소다를 최대한 녹인 다음, 그 용액을 흰가루병이 생긴 식물 전체에 뿌려 줍니다.
- 님 오일로 만드는 천연 농약을 사용합니다.

❖ 녹조

녹조는 양액의 수면, 양액을 담고 있는 용기의 표면, 양액으로 젖어 있는 배지의 표면처럼 빛, 영양, 수분이 갖추어진 곳에서 잘 생깁니다. 적은 양의 녹조는 식물에 별다른 해를 끼치지 못하지만, 그림 4-62와 같이 녹조가 너무 짙게 생기면 양액의 수면이 공기와 닿는 것을 방해하여 뿌리에 산소 공급을 방해하게 됩니다. 녹조에서 거품이 생길 정도라면 빨리 조치를 취해야 합니다. 방치하면 뿌리가 썩어서 식물이 죽게 됩니다.

녹조는 양액으로 젖어 있는 배지의 표면에서도 발생합니다. 배지의 표면에 녹조가 많아지면 버섯파리가 꼬이기 쉽습니다.

그림 4-62
양액의 표면에 녹조가 짙게 생긴 모습. 한 식물은 벌써 죽었다.

- 양액이나 배지에 빛이 공급되지 않도록 합니다. 양액을 담는 용기는 불투명한 것으로 하고, 불투명한 커버를 씌워 양액과 배지에 빛이 닿지 않도록 합니다.
- 양액이 움직이게 합니다. 양액에 공기를 불어넣어 주는 일, 양액을 순환시키는 일은 녹조가 생기는 것을 방해하거나 양액 수면에 생긴 녹조의 막을 흩뜨립니다.
- 녹조가 심하면 녹조를 닦아 내고 양액을 바꾸어 줍니다.

4. 천연 농약 만들기

❖ 님 오일(neem oil) 스프레이

님 나무의 열매를 짜서 만든 식물성 오일인 님 오일은 쓴 맛과 마늘냄새가 나며, 천연 농약이나 벌레 퇴치제, 약초로 쓰입니다. 이것은 새, 포유류, 벌, 다른 식물에는 독성을 나타내지 않지만 200 종류 이상의 해충에 대해 유효하다고 알려져 있습니다. 또한 균류, 흰가루병에도 효과가 있습니다.

님 오일은 화학 약품을 첨가하지 않은 것을 구입하세요. 시중에서 100mL에 2만원 내외로 구입할 수 있습니다.

1L의 님 오일 스프레이 만드는 법

1. 1L 페트병에 물 1L를 넣습니다.
2. 2mL의 주방 세제를 넣습니다.
3. 5mL의 님 오일을 넣습니다.
4. 흔들어 섞어 줍니다.
5. 스프레이 병에 부어 사용합니다.

님 오일 스프레이를 어린 잎에 뿌리면 약 20일까지 효과가 지속됩니다. 지속성이 부족하다 싶으면 좀 더 자주 뿌리세요.

❖ 식물성 식용유로 만드는 살충제

식물성 식용유로 만드는 살충제는 주방 세제와 식물성 식용유 두 가지 재료만으로 만들 수 있는 간단하고 효과적인 스프레이입니다. 냄새가 없거나, 있더라도 주방 세제의 향긋한 냄새가 약하게 나기 때문에 실내에서 사용하기에 좋습니다. 이 살충제는 부드러운 몸을 가진 벌레의 몸을 감싸 숨을 못 쉬게 합니다. 개미에도 효과가 있습니다.

만드는 방법

1. 뚜껑이 있는 용기에 식물성 식용유 40mL와 주방 세제 10mL를 넣어서 뿌옇게 될 때까지 흔들어 원액을 만듭니다.
2. 물 200mL에 위 원액 3mL를 넣고 흔들어 뿌립니다.

식물 전체에 사용하기 전에 식물의 일부에 뿌려 보아 식물에 해를 끼치지 않는지 먼저 확인하시기 바랍니다. 실외에서는 식물에 햇빛이 강하게 비추고 있는 때는 사용하지 마세요. 아침이나 늦은 오후에 사용하는 것이 좋습니다. 5–7일마다 뿌립니다.

❖ 레몬 살충제

식물에 진딧물이 들끓고 있을 때 레몬 살충제가 유용합니다. 진딧물뿐만 아니라 부드러운 몸을 가진 벌레에 적용할 수 있습니다. 레몬향이 나기 때문에 집안에서 사용하기에 좋습니다.

만드는 법

1. 500mL의 물을 끓인다.
2. 물을 끓이는 동안 레몬 하나의 껍질을 강판에 간다.
3. 물이 끓으면 불을 끄고 레몬 껍질을 넣는다.
4. 그대로 하루 동안 두었다가 채로 거른다.
5. 이 액체를 스프레이에 붓고 식물에 뿌린다.

감귤류 살충제는 벌레의 몸에 닿아야 효과가 있습니다. 이 액체가 벌레의 몸에 닿으면 벌레가 경련을 일으킵니다.

❖ 소독용 알코올 스프레이

몸이 부드러운 벌레에 대해 약국에서 팔고 있는 70% 소독용 알코올을 바로 사용할 수 있습니다. 벌레가 일부에 몰려 있다면 면봉에 적셔 직접 벌레를 닦아낼 수 있습니다. 온 식물에 벌레가 퍼져 있다면 알코올을 식물 전체에 뿌려 줍니다. 알코올은 일단 공기나 햇빛에 노출되면 빨리 증발하기 때문에 식물에게 최소한의 해를 입힙니다. 일주일에 한두 번 반복하세요.

식물 전체에 사용하기 전에 식물의 일부에 뿌린 후 이틀 정도 관찰하여 식물에 해를 끼치지 않는지 먼저 확인하시기 바랍니다. 햇빛이 강하게 비추고 있을 때는 사용하지 마세요. 아침이나 늦은 오후에 사용하는 것이 좋습니다.

5. 농약 없이 해충을 없애는 방법

식물과 동물의 특징을 이용한 방법입니다. 해충은 작은 동물입니다. 그래서 좋은 환경을 찾아서 움직여 다닙니다. 반면 식물은 움직여 다닐 수 없기 때문에 환경이 나빠도 그 자리에서 견디는 수밖에 없습니다. 이런 특징으로 식물과 해충을 제한된 공간에 가두어 놓고 나쁜 환경을 주면 대체로 식물이 더 잘 견딥니다. 동물이 식물보다 호흡량이 훨씬 많다는 원리를 이용한 방식으로, 실내 식물을 기준으로 설명 드리니 실외 식물도 여건에 맞추어 적용하시기 바랍니다.

① 화장실에서 큰 용기에 물을 담고 해충이 많은 식물을 가져다가 담가 놓습니다. 대부분의 해충은 익사 위기를 느끼고 물 밖으로 나와 둥둥 뜨게 됩니다. 이렇게 1시간 정도 담가 두면 물 밖에 나오지 않은 해충은 익사하게 됩니다. 흙 속에서 줄기나 뿌리를 갉아 먹는 애벌레는 물속에서 오래 견디므로 확인하면서 시간을 늘려 줍니다.

② 그동안 수경재배기와 그 주변에 소독용 알코올을 뿌려 깨끗이 청소합니다.

③ 화장실로 다시 가 물 밖에 나온 해충을 샤워기로 흘려 보냅니다. 이때 식물에도 샤워기 물을 뿌려 붙어 있는 해충을 떨어지게 합니다.

④ 배지가 없는 방식의 식물은 그대로 재배기로 옮기고, 배지가 있는 방식의 식물은 하루 쯤 따로 두어 배지 속의 물을 뺀 다음 재배기로 옮깁니다.

Tip

· 배지가 있는 방식의 식물을 물에 담그기

식물을 옮길 때 양액만으로 키우는 방식은 포트를 빼서 간단히 옮길 수 있습니다만 배지가 있는 방식은 배지가 있는 용기를 통째로 옮깁니다. 배지가 있는 채로 물에 밀어 넣으면 배지가 밖으로 쓸려 나올 수 있습니다. 용기를 물에 넣으면 배지 속 공기 때문에 물 위에 뜨지만, 시간이 지나면 용기의 구멍으로 물이 스며들어 점점 무거워져서 천천히 가라앉습니다. 이렇게 하면 배지가 젖은 채로 물에 들어가기 때문에 배지가 별로 흩어져 나오지 않습니다.

· 병충해 관련 무료로 다운받을 수 있는 책

식물별로 잘 걸리는 병충해가 있고, 식물의 수도 많기 때문에 여기서 모두 다루는 것은 불가능합니다. 식물이 잘 걸리는 병충해, 예방법, 퇴치법, 천연 농약 만들기 등은 시중에 나와 있는 텃밭 관련 서적이나 인터넷에서 쉽게 자료를 볼 수 있습니다. 아래에 국립농업과학원의 농업과학도서관에서 무료로 다운받을 수 있는 추천 자료가 있습니다.

농촌진흥청 농업과학도서관: http://lib.rda.go.kr/main.do
해충의 생태와 방제: "(도시농업 재배 작물) 해충 생태와 방제 도감"
친환경 농약 만들기: "초보자를 위한 텃밭 매뉴얼" 29-32쪽

· 티스푼? 테이블스푼? 컵?

요리 등에서 티스푼이나 테이블스푼 등의 표현을 자주 쓰는데, 집집마다 숟가락 크기가 다르니 맞는 용량인지 불안할 수 있습니다. 그런데, 사실은 이게 그냥 숟가락이 아니라 부피의 단위입니다.
1 티스푼은 5mL, 1 테이블스푼은 15mL로 정해져 있습니다. 부엌에서 가져온 밥숟가락으로 계량하지 마세요. 차이가 많이 납니다. 그리고 밥숟가락은 액체가 옆으로 넘쳐흐르기 쉽습니다. 1 컵은 약 240mL입니다.

그림 4-63
크기가 다른 스푼들의 세트. 실험할 때에 쓰는 눈금 실린더보다 쓰기에 편리하고 씻기도 쉽다.

그림 4-64
1 TABLE SPOON은 15mL, 1 TEA SPOON은 5mL라고 찍혀 있다.

8 간단한 자동화

오랫동안 집을 떠나 있게 되면 식물에 양액이 공급되지 않을까 걱정됩니다. 또한 식물을 많이 기를 경우 매일 양액을 확인하고 부족한 곳에 채워 넣는 일에 많은 시간이 들기도 합니다. 이럴 때에 양액이 자동으로 공급되는 방법이 있으면 좋습니다. 또 양액이 얼마나 있는가를 확인하기 쉬운 방법도 있으면 좋겠습니다. 전등 또한 제 시간에 맞추어 켜지고 꺼지면 편리할 것입니다.

여기서는 수경재배를 하면서 뭔가를 편리하게 해 주거나 자동으로 해 주는 방법에 대해 다룹니다. 다만 수경재배의 기초를 다루는 책이기 때문에 간단히 보면서 따라할 수 있는 내용을 위주로 다룹니다. 보다 다양하게는 전자 회로를 이용한 자동 제어를 할 수 있으나, 그러한 내용은 좀 더 고급 내용을 다루는 다른 책에서 소개하도록 하겠습니다.

1. 자동화를 할 때 주의할 점

자동화가 되었다고 무조건 좋은 것은 아닙니다. 자동화가 된다는 말은 식물을 키우는 사람이 임의로 조작할 수 있는 일이 줄어든다는 것을 뜻합니다. 만일 자동화가 되었으면서도 임의로 조작할 수 있는 일이 많다면 여러 기능을 가지게 된다는 말이고, 이는 곧 가격이 올라간다는 말이 됩니다. 시중에 나와 있는 재배기 중에서는 잎채소 10그루도 못 키우는데도 가격이 50만원을 넘는 것도 있습니다. 이 재배기에는 수많은 버튼이 있어 실험실에서나 볼 수 있는 장비 같아 보이기도 합니다. 과도한 자동화와 기능을 가지고 있는 일례라고 할 수 있습니다. 자동화는 자신의 환경을 살펴서 아쉬운 부분을 대신해 주는 정도가 가장 적당합니다.

2. '분리'를 '통합'으로

그림 4-65과 4-66은 테이크아웃컵에 식물을 기른다는 공통점이 있습니다. 그런데 그림4-65의 컵들은 모두 독립적으로 양액을 공급받습니다. 이런 방식에서는 배지가 말랐는지 모두 확인해야 하고, 양액이 부족한 컵마다 양액을 부어 주어야 합니다. 큰 용기에 컵을 넣어서 기르면 편리합니다. 이 방법을 쓸 때는 컵 아래에 구멍을 뚫어 용기에 부은 양액이 컵으로 스며들어가게 합니다. 그림 4-65는 이러한 방법을 쓴 예입니다. 사각 용기에 5개의 컵을 넣으면 5개의 컵을 확인해서 양액을 주던 일이 1개의 사각 용기에 양액을 주는 일로 줄어들게 됩니다.

그림 4-65
여러 개의 컵에 식물을 기르는 모습. 이렇게 하면 양액을 줄 때가 되었는지 알아보기 위해 모든 컵의 배지를 확인해야 한다.

그림 4-66
컵 아래에 구멍을 뚫어 사각 용기에 담은 모습. 사각 용기에 양액을 부어 주면 모든 컵에 양액이 공급된다.

3. 하루에 한 번 양액 주기

매번 배지가 건조해졌는지 확인할 필요 없이 하루에 한 번 양액을 공급하는 것이 편할 수도 있습니다. 하루에 한 번 양액을 공급하기 위해서는 타이머와 수중 펌프를 사용할 필요가 없습니다. 아침에 한 번 손으로 하면 되는 일입니다. 이 방법은 난석, 황토볼, 암면 블록과 같이 양액을 부어도 배지가 양액에 의해 쓸려 나가지 않는 방식에 적합합니다. 부어 주는 양액이 정체되어 있던 양액을 씻어내고, 양액이 흘러 나가면서 배지로 공기가 빨려 들어가기 때문에 뿌리에 산소 공급도 잘되는 방식입니다.

❖ 두 개의 수조를 이용하는 방법

그림 4-67
하루에 한 번 양액이 들어 있는 수조의 양액을 부어 준다. 매일 A와 B를 바꾸어서 양액을 준다.

두 개의 수조 A와 B 중에 한 곳은 양액이 담겨져 있습니다. 만약 A에 양액이 담겨져 있었다면 A의 양액을 부어 주고 B는 배지를 통과하고 나오는 양액을 받습니다. 다음날에는 B의 양액을 부어 주고 A가 흘러나오는 양액을 받습니다. 이틀 주기로 반복합니다.

❖ 한 개의 수조와 호스를 이용하는 방법

그림 4-68
수조를 들어 주어 양액을 배지에 공급한다. 이후 수조를 내려 배지에서 흘러나오는 양액을 받는다.

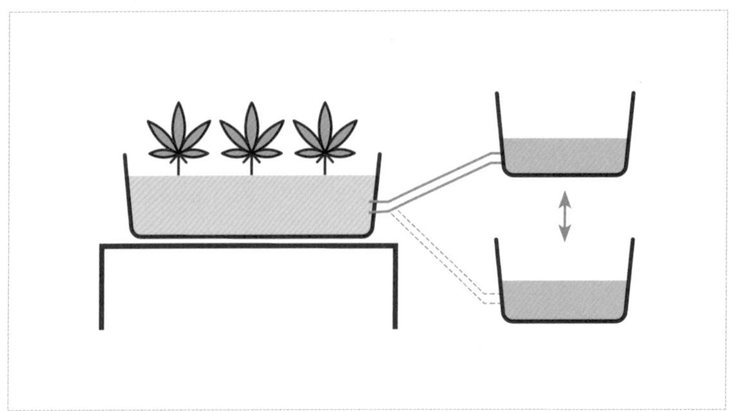

양액이 담긴 수조와 재배용기를 호스로 연결합니다. 수조를 들면 양액이 재배용기로 흘러 들어갑니다. 실제로는 들고 있는 것보다 물건으로 받쳐 두는 것이 편합니다. 재배용기에 양액이 충분히 들어간 후에 받쳐 놓았던 물건을 치우고 수조를 내리면 배지를 적셨던 양액이 수조로 흘러나옵니다. 이 방식도 양액이 흘러나오면서 배지로 공기가 빨려 들어가서 뿌리에 산소를 잘 공급해 줍니다.

4. 대기압을 이용한 양액 공급

그림 4-69
대기압을 이용하면 항상 같은 수위를 유지할 수 있다.

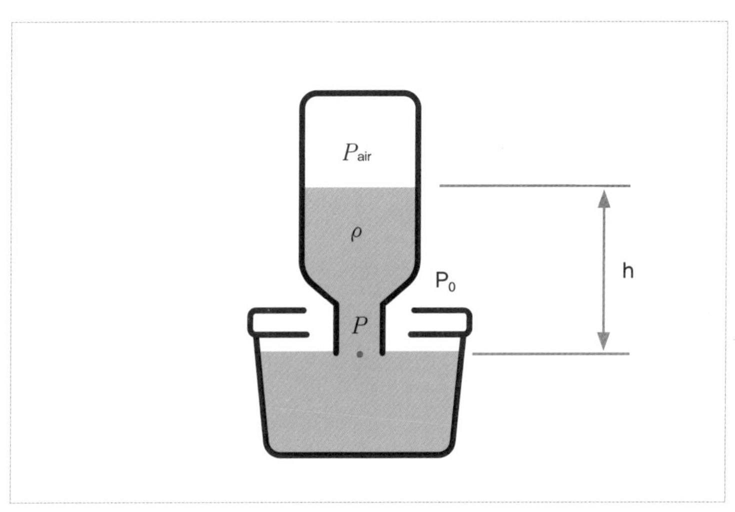

물을 담아 놓은 수조에 물을 넣은 병을 거꾸로 세우면 병 속의 물이 나오다가 수조의 수위가 병의 입구까지 차면 더 이상 흘러나오지 않게 됩니다. 물통을 올려놓는 정수기 등에서 자주 보는 현상입니다. 자세히 말하자면, 점 P인 곳에서 병 속의 물과 공기가 만드는 압력이 대기압과 같아서 평형을 이루는 것입니다. 이 원리를 이용하면 양액이 부족해졌을 때 병 속의 양액이 흘러나와 일정한 수위를 유지하게 할 수 있습니다.

그림 4-70
페트병을 이용하여 자동으로 양액의 수위를 조절할 수 있다.

그림 4-71
호스를 연결하면 수위 조절 장치 하나로 여러 재배용기에 양액을 공급할 수 있다.

그림 4-70은 페트병을 이용하여 화분을 담아 놓은 용기에 양액을 공급하는 모습입니다. 페트병을 그대로 거꾸로 세워 놓을 수도 있지만 양액의 수위를 조절하고 싶을 때는 페트병의 옆에 약 5~6mm 직경의 구멍을 원하는 수위에 맞추어 뚫으면 됩니다.

그림 4-71은 하나의 수위 조절 장치로 여러 재배용기에 양액을 공급하는 모습입니다. 수위 조절 장치와 재배용기는 호스로 연결되어 있습니다. 이 방식은 재배용기와 수위 조절 장치의 높이가 잘 맞도록 설치해야 합니다. 수위 조절 장치에 화분을 넣고 그 위에 양액을 넣은 통을 올려놓으면 양액이 다 쓰였을 때 양액 통이 옆으로 쓰러져서 금방 알 수 있습니다.

5. 볼탭을 이용한 양액 공급

그림 4-71과 비슷한 구조일 때 볼탭을 이용하여 양액의 수위를 일정하게 유지할 수 있습니다.

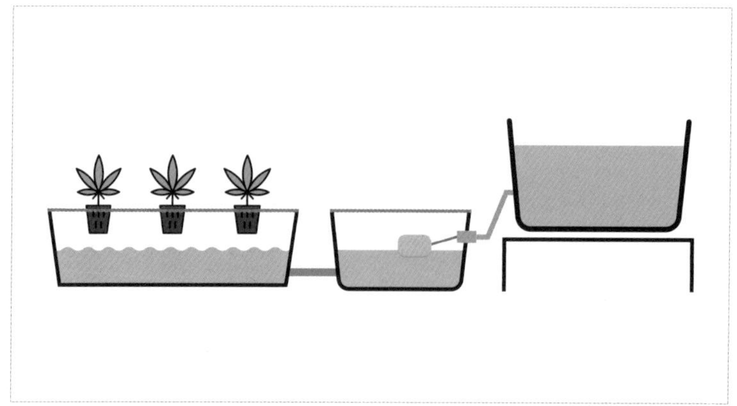

그림 4-72
볼탭을 이용한 양액 수위 유지. 큰 양액 수조가 있으면 오랫동안 양액을 만들지 않아도 된다.

볼탭은 액체에 뜨는 물체에 막대를 달고, 막대는 밸브에 연결된 구조입니다. 수위가 낮으면 밸브가 열려 액체가 들어오고 수위가 높아지면 밸브를 잠그게 됩니다. 양변기에도 들어 있는 부품입니다.

그림 4-72에서 가운데에 있는 수조에 볼탭이 들어 있는데, 왼쪽에 있는 수경재배용기가 여러 개 있다면 이것들을 볼탭이 있는 수조에 연결하여 한꺼번에 여러 재배용기에 일정한 수위의 양액을 공급할 수 있습니다.

6. 상하 양액저장조를 이용한 양액 공급

도서관에서 어린이 프로그램으로 페트병에 식물을 심은 적이 있습니다. 이후에 이 식물들을 도서관 외부에 전시하기를 원했습니다. 그런데 전기를 사용할 수 없고, 재배기를 관리할 사람도 없는 상황이라 제가 가서 관리를 해야 했는데, 그걸 매일 할 수도 없는 노릇이라 2주에 한 번 정도 가서 확인할 수 있도록 설계했습니다. 확인하는 간격이 길다 보니 여러 안전장치가 들어가게 되었습니다.

먼저 위쪽 양액 수조에서 양액이 흘러나오는데, 식물이 사용하는 양보다 조금만 더 나오도록 밸브를 조절해 놓습니다. 이렇게 나온 양액은 관으로 들어가는데, 대부분이 식물에 흡수되고 여분의 양액은 아래쪽 양액 수조로 흘러들어가서 모이게 됩니다. 관에서 배지까지는 심지가 연결되어 양액이 스며들어 배지로 공급됩니다. 이러한 방법에 의해 비록 위쪽 양액 수조의 양액이 바닥난다 해도 관 속의 양액이 일정 기간 양액을 공급하고, 관 속의 양액이 바닥난다 해도 배지가 마를 때까지 식물은 양액의 부족을 겪지 않습니다. 이렇게 여러 안전장치를 마련하여 2주일 정도는 양액 공급 없이 버틸 수 있게 했습니다.

그림 4-74는 실제로 설치한 모습입니다. 다른 재배기와는 달리 재배기 윗부분에 양액 수조가 있지만 수중 펌프가 없습니다. 그럼에도 2~3주 동안 돌봄이 필요 없었습니다.

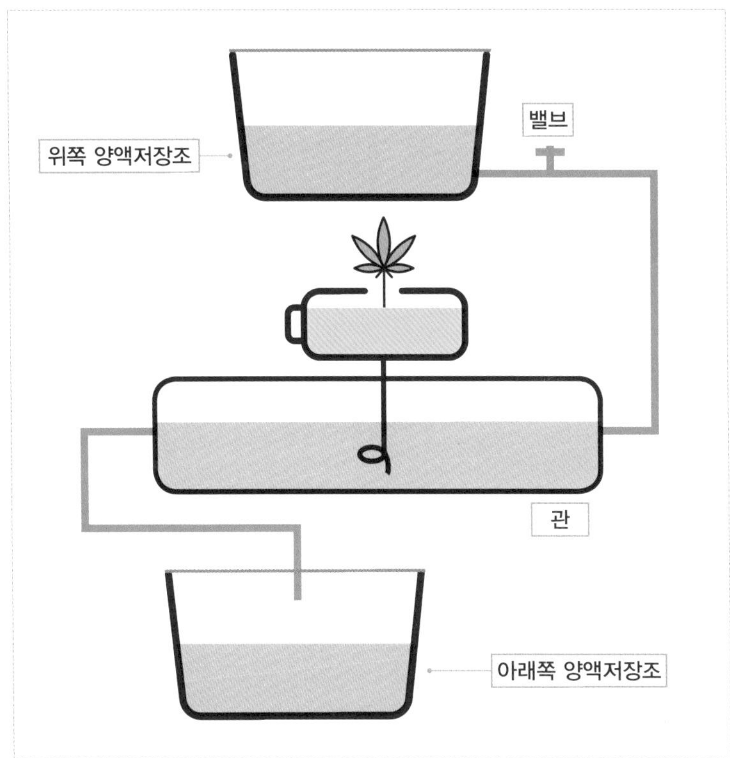

그림 4-73
상하 양액저장조를 이용한 양액 공급 개념도. 점검을 자주 할 수 없는 재배기에는 최대한 오랫동안 양액이 공급되게 해야 한다.

그림 4-74
상하 양액 수조와 사각관을 이용한 재배기. 사각관은 페트병 아래에 있어 눈에 잘 띄지 않는다.

5장 좀 더 자세히

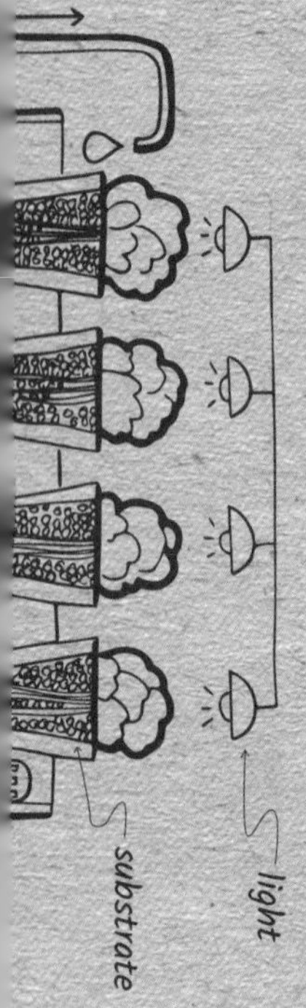

수경재배를 처음 접하더라도 지금까지 다룬 내용을 따라 하면 식물을 키우는 데에 큰 문제가 없지만, 호기심이 많거나 강사로 활동하는 분들은 좀 더 자세히 알고 싶은 것들이 있을 것입니다. 토경재배에서 점질토, 사질토처럼 흙의 성질을 따지듯이 수경재배에서도 식물에 맞는 배지가 있습니다. 토경재배에서는 햇빛이 잘 드는지가 중요하지만 전등으로 빛을 공급하는 일이 많은 수경재배는 식물과 빛의 관계를 더 자세히 따집니다. 또, 바쁜 도시농부에게는 조금 더 자동화된 양액 공급 방법이 필요할 수도 있습니다. 강의 중 질문이 많았거나 좀 더 자세히 배우고 싶어 하는 내용을 위주로 깊이 있게 다루어 보겠습니다.

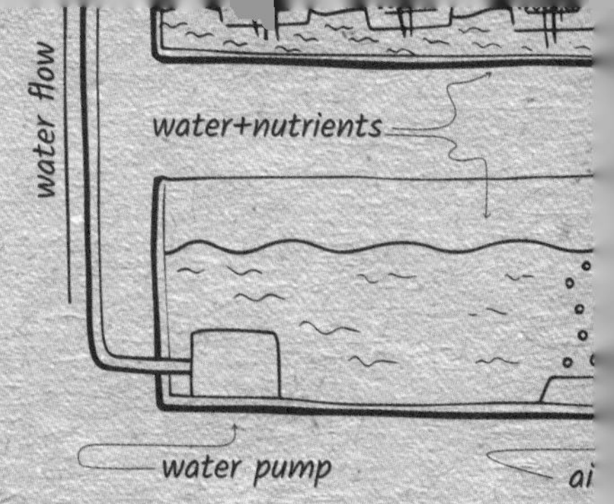

1. 수경재배용 배지

2. 빛 공급

3. 환경 제어와 자동화

수경재배용 배지

좋은 배지의 조건

1. 적당한 공기 대 물의 비율을 유지한다.
2. 사용하는 내내 pH 변화가 적어야 한다.
3. 완전히 건조시킨 후에도 쉽게 다시 젖을 수 있어야 한다.
4. 안전한 처리를 위해 생분해성이어야 한다.
5. 값싸고 구하기 쉬워야 한다.
6. 가벼워서 실내든 실외든 작업하기 쉬워야 한다.

1. 코코넛 코이어(coconut coir)

코코넛 코이어는 코코넛 겉껍질로 만든 완전한 유기물 배지입니다. 흔히 줄여서 코이어라고 부릅니다. 코코넛 겉껍질은 바다에 떠다니는 동안 코코넛 씨앗을 태양과 소금으로부터 보호하고 코코넛이 발아하여 새로운 땅에 뿌리를 내릴 때 호르몬이 많고 곰팡이류가 없는 배지가 되어 줍니다. 이러한 성질을 이용하여 코코넛 겉껍질을 부수고 살균하여 식물이 자랄 수 있는 배지로 개발했습니다.

코이어는 토양 없는 화분용 배지로 많이 사용됩니다. 화분 흙이나 원예용 상토에 머리카락처럼 헝클어져 있는 것이 코이어입니다.

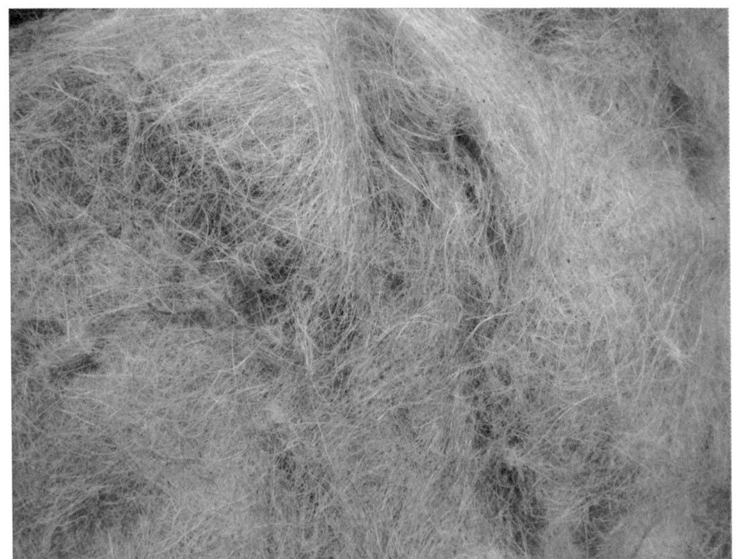

그림 5-1
코이어 섬유를 가까이서 찍은 모습. 섬유 사이의 공간에 물과 공기를 함유하는 능력이 뛰어나다.

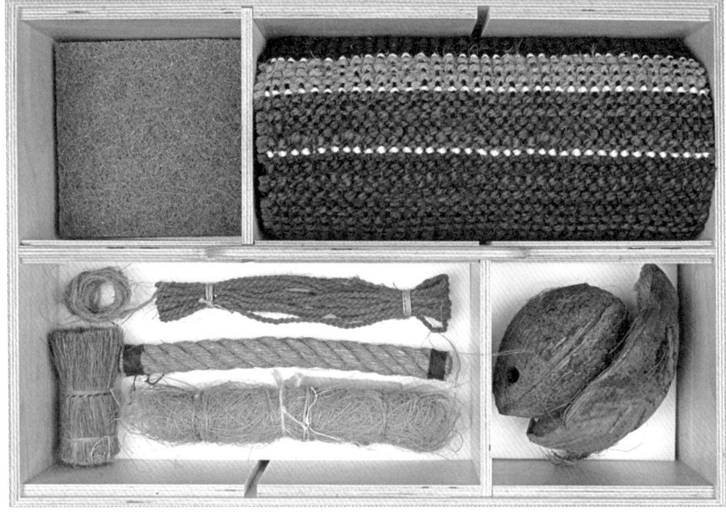

그림 5-2
코이어로 만든 다양한 물품들. 왼쪽 위의 것은 코코매트인데, 흙 위에 덮어서 수분 유지, 잡초 억제, 비올 때 흙 튀김 방지 용으로 사용할 수 있다.

2. 코코피트(cocopeat)

코코피트는 건조시킨 코코넛 겉껍질을 분쇄한 후 부숙[24]시킨 것입니다. 코이어와 비슷하지만 부숙시킨 점에서 큰 차이가 납니다. 부숙에 의해서 피트모스처럼 물을 머금으면 부풀어오르는 성질을 갖게 됩니다.

24) 부숙(腐熟): 썩어서 익음. 또는 썩혀서 익힘.

암면과 같이 모종용, 블록, 매트의 형태로 개발되어 있습니다.

그림 5-3
코코피트 블록. 오른쪽은 건조한 상태의 것이고 왼쪽은 물을 머금어 부풀어 오른 것이다. 피트모스보다 통기성이 좋다.

3. 펄라이트(perlite)

펄라이트는 다른 암석보다 높은 수분 함유량을 가진 비정질의 화산유리인데, 보통은 흑요석의 수화에 의해 형성됩니다. 펄라이트는 자연적으로 만들어지며 충분히 가열했을 때 크게 팽창되는 특성이 있습니다. 약 850-900℃의 온도에 도달했을 때 뜨거워진 설탕처럼 부드러워지면서 갇혀 있던 수분이 증발하여 빠져나가고, 그러면서 원래 부피의 7-16배로 팽창하게 됩니다. 마치 팝콘을 만드는 것과 유사합니다. 이렇게 팽창된 물질은 투명한 유리가 잘게 깨졌을 때와 비슷한 흰색을 띱니다. 흔히 식물을 키울 때 말하는 '펄라이트'는 '팽창 펄라이트(expanded perlite)'를 말합니다.

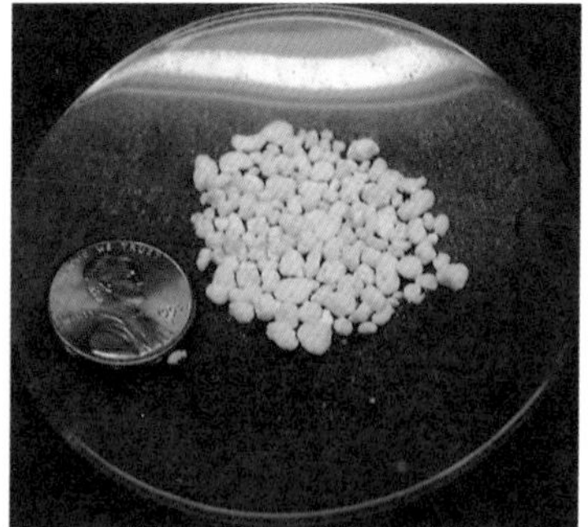

그림 5-4
자연에서 발견할 수 있는 펄라이트. 화산 활동으로 만들어져서 색깔이 검은 편이고 유리질이라서 반질거리는 느낌을 가진다.

그림 5-5
팽창 펄라이트(expanded perlite). 많은 구멍들이 나 있기 때문에 잘게 부수어진 유리처럼 희게 보인다.

펄라이트는 오랫동안 배지로 사용되어 왔습니다. 팝콘처럼 공기를 담을 수 있는 공간이 많아 아주 가볍고 공기를 잘 지닐 수 있습니다. 이 특징 때문에 토양의 첨가물로도 많이 사용되고, 수경재배용 배지에도 많이 사용됩니다. 펄라이트의 단점은 너무 가벼워서 배지가 양액에 잠기는 방식의 수경재배기에서는 마치 부서진 스티로폼 알갱이처럼 둥둥 떠서 쉽게 쓸려나간다는 것입니다. 또한 마른 상태에서는 바람에 잘 날아갈 수 있기 때문에 실외에서 다룰 때 주의가 필요합니다.

Tip

물을 얼마나 부어야 펄라이트가 뜨지 않을까?

펄라이트는 밀도가 30~150으로 물의 밀도 1,000보다 훨씬 작아서 물에 넣으면 스티로폼처럼 둥둥 뜨며, 충분히 물을 머금어야 가라앉게 됩니다. 펄라이트를 배지로 이용하고 저면 관수로 양액을 공급하면 물에 잠긴 펄라이트는 부력에 의해 뜨려고 하고, 위에 쌓여있는 펄라이트는 중력에 의해 아래로 누릅니다. 물을 더 넣어 줄수록 부력이 커지기 때문에 일정 시점이 지나면 펄라이트 전체가 떠오르게 됩니다. 시험 삼아 해 보니 펄라이트 깊이의 1/3~1/4 정도까지는 떠오르는 현상이 없었으니, 가급적 펄라이트 깊이의 1/4 이하로만 양액을 공급하는 것이 좋습니다.

그림 5-6
양액을 많이 공급하면 펄라이트가 떠올라 넘치게 된다.

4. 황토볼(expanded clay)

흔히 황토볼이라 부르는 배지는 논문이나 외국 자료를 찾아보면 '경량 팽창 점토 골재(LECA: lightweight expanded clay aggregate)'라고 나옵니다. 이름에서 알 수 있듯 건축 자재로도 사용되는 자재입니다. 'lightweight aggregate'는 가벼운 골재라는 뜻이고 'expanded clay'는 팽창 점토를 뜻합니다. 외국이나 학술문헌에는 주로 LECA란 용어를 쓰지만 시중에서는 '황토볼', '슈퍼볼', '하이드로볼'이라는 이름으로 널리 알려져 있습니다. 원적외선이 나와 좋다며 찜질용, 지압용으로 판매되기도 합니다. 황토볼은 점토 팰릿을 가열하여 만듭니다. 이 과정에서 수분이 날아가면서 미세한 기공이 형성되며, 이로 인해 공기와 수분을 잘 머금게 됩니다. 황토볼은 중성이고 재사용할 수 있어서 양액재배에는 이상적인 배지입니다. 또 너무 가볍지 않기 때문에 놓아둔 곳에 그대로 잘 머뭅니다. 하지만 물을 머금는 능력이 아주 크지는 않기 때문에 필요하면 코이어와 섞어서 물 보유능력을 조절할 수 있습니다. 황토볼은 배수가 잘 되기 때문에 수경재배 시스템에서 아래층에 깔아서 배수가 잘 되면서 공기가 많은 공간을 확보하는 데 많이 사용합니다.

그림 5-7
황토볼의 모습. 표면과 내부에 미세한 구멍이 있어 물을 잘 머금을 수 있고, 알갱이 사이의 간격이 커서 물이 잘 빠진다. 배지 중에서는 무거운 편이라 식물이 잘 고정된다.

5. 피트모스(peat moss)

피트모스는 이끼와 다른 생물이 토탄 늪에서 분해되어 형성된 섬유질 물질로 물과 양분을 머금는 능력, 통기성이 우수합니다. 바로 채취한 피트모스의 pH는 3.5~5.5 정도의 강산성이어서 상품으로 제조할 때에는 석회질 비료를 사용해서 pH를 맞추어 줍니다. 보수력이 지나치게 좋아 과습의 우려가 있고 지나치게 건조한 후에는 다시 물을 흡수하기 어려우므로 주의가 필요합니다.

그림 5-8
Jiffy-7이라는 상품명의 종자용 피트모스. 노르웨이에서 수입하여 판매하고 있다. 왼쪽과 같이 마른 상태로 판매되고 있는데 물을 머금으면서 점점 수직방향으로 부풀어 오른다.

6. 암면(rockwool or mineral wool)

암면은 암석을 녹여 길게 뽑아 섬유로 만든 것입니다. 설탕으로부터 솜사탕을 만드는 것과 유사합니다. 암면은 유리 섬유 대용이나 건물의 절연재로도 사용됩니다. 이 섬유를 다져서 벽돌 모양, 주사위 모양 등으로 만들어 사용합니다.

그림 5-9
모종용 암면 플러그. 여기에 씨앗을 심어 모종을 만든 다음에 옮겨 심는다. 흙에서 기른 모종은 흙이 떨어져 지저분해지지만 암면을 사용하면 깔끔하게 작업할 수 있다.

그림 5-10
암면 블록. 암면 플러그에서 기른 모종을 꽂아 키울 수 있다. 뿌리의 공간이 크지 않아도 되는 식물은 이것만으로도 최종 단계까지 키울 수 있다.

암면은 모양을 다양하게 만들 수 있기 때문에 모종용, 블록 모양, 매트 모양 등의 상품이 판매되고 있고 있습니다. 암면 플러그에 씨앗을 심어 모종을 만든 다음에 암면 블럭에 끼워서 키울 수도 있습니다. 크게 자라는 식물은 암면 블록 만으로는 뿌리를 모두 수용할 수 없기 때문에 암면 블록 아래에 암면 매트를 깔아 뿌리가 뻗어 나갈 수 있는 공간을 제공해야 합니다.
암면은 마른 상태에서는 가루가 날리고 손으로 만지면 따끔거릴 수 있으니 물이나 양액으로 먼저 적신 후에 다루는 게 좋습니다. 많은 양을 다룰 때는 마스크를 쓰시기 바랍니다.

7. 수경재배용 스펀지

수경재배용 스펀지는 스펀지를 수경재배 모종에 활용한 것입니다. 조각을 떼어내고 씨앗을 심기 쉽도록 칼집을 내어 놓은 것이 많습니다. 5-11의 것은 우레탄에 기포를 많이 넣은 발포 우레탄으로 만든 것입니다. 버미큘라이트, 펄라이트 같은 입자형 배지는 입자 사이의 공간이 서로 연결되어 있어 배지 바깥의 공기가 배지 속으로 들어가기가 쉽습니다. 암면이나 코이어, 코코피트 등의 섬유형 배지도 섬유 사이의 공간이 연결되어 있어 외부의 공기가 배지 속으로 들어가기 쉽습니다. 반면에 스펀지는 스펀지의 재질이 석유 화학 제품으로, 물과 친하지 않아 스스로 물을 흡수하지는 않고 강제로 눌러서 스펀지 속의 기공에 물을 넣어 가두는 원리로 물을 보유하게 합니다. 그러므로 스펀지 속의 물은 기공 속에 덩어리져 있게 됩니다. 기공이 작으면 물의 흡수와 배출이 잘 되지 않아 스펀지가 딱딱하게 되고, 기공이 크면 갇힌 물방울이 커지게 됩니다. 크기가 작은 씨앗을 심으면 스펀지 속에 갇힌 큰 물방울 속으로 씨앗이 들어가 발아가 잘 되지 않는 수가 있으니 스펀지를 물속에서 주물러 물을 흠뻑 흡수하게 한 다음 적당히 짜서 기공 속에 찬 물을 일부 빼내어 기공 속에 공기와 물이 적당히 공존하게 합니다. 큰 스펀지에서는 기공 속의 물과 공기의 비율을 맞추는 것이 쉽지 않고, 식물을 키우는 동안 물과 공기의 비율을 유지하는 것도 어렵기 때문에 모종용으로는 사용하지만 생장용 배지로는 거의 사용하지 않습니다. 수경재배 용품을 파는 쇼핑몰을 살펴보더라도 모종용 스펀지는 많지만 생장용 배지로 판매하는 스펀지는 찾기가 힘듭니다.

그림 5-11
수경재배용 스펀지. 발포 우레탄으로 만들어졌다. 하나씩 떼기 쉽게 되어 있고, 씨앗을 넣기 쉽도록 십자형으로 칼집이 나 있다

지금까지 수경재배용 배지에 대해 알아보았습니다. 여러 가지가 있어 혼란스러울 수도 있지만 '이것은 되고 저것은 안 된다'처럼 구분되는 것은 아닙니다. 하지만 환경에 따라 수경재배 시스템이 달라질 수 있고, 수경재배 시스템이 달라지면 배지의 선택이 달라질 수 있습니다. 식물이 자라는 환경을 확인한 다음 배지를 선택하시기 바랍니다.

빛 공급

식물은 빛을 통해 광합성을 하며, 구체적으로는 빛의 색깔(파장)과 빛의 양이 광합성에 영향을 줍니다. 빛의 양은 빛의 세기와 빛을 비추는 시간의 곱으로 나타납니다.

1. 빛의 색깔

식물의 입장에서는 빛에도 질이 있다고 할 수 있는데, 빛의 질은 식물의 표면에 도달하는 색깔 또는 파장과 관련 있습니다. 같은 세기의 빛이라도 식물이 많이 사용하는 색깔의 빛은 빛의 질이 좋다고 할 수 있습니다. 파랑색 빛은 주로 식물의 영양 생장[25]과 잎의 생장에 관여합니다. 빨강색 빛은 파랑색 빛과 합쳐졌을 때, 꽃을 피우는 것을 부추깁니다.

태양 에너지는 전자기 복사 에너지인데, 엽록체 내의 엽록소(chlorophyll)와 같은 색소가 가시광선을 받으면 색소의 전자가 들떠서 화학 반응을 일으킵니다. 엽록소에는 여러 종류가 있는데, 엽록소a는 광합성을 하는 모든 식물에 들어 있고, 엽록소b는 육상식물과 녹조류 등에 들어 있습니다. 그러므로 식물이 잘 자라기 위해서 엽록소a와 엽록소b가 잘 활동하도록 조건을 맞추어 줄 필요가 있습니다. 가시광선은 R(red; 빨간색), G(green; 녹색), B(blue; 파란색)의 세 가지 색의 빛으로 구성되는데, 이 세 가지 빛이 조합이 되어 여러 가지 색깔의 빛을 만들어 냅니다. 엽록소는 초록색을 반사하여 우리 눈에 녹색으로 보이며, 파장이 450nm 부근인 파란색의 빛과 650nm 부근인 빨간색의 빛을 흡수하여 화학 반응을 일으킵니다. 카로티노이드(carotenoid)와 같은 보조 색소들은 엽록소가 흡수하지 못하는 파장의 빛을 흡수하여 엽록소의 기능을 보조하거나 과도한 빛으로부터 엽록소를 보호합니다.

25) 영양 생장(vegetative growth): 한해살이풀이나 두해살이풀의 씨가 싹 터서 잎, 줄기, 뿌리 따위의 영양 기관이 자라는 현상.

식물공장과 같이 효율을 중요시하는 곳에서는 기르는 식물에 적합하도록 빛의 색깔을 맞추어 공급합니다. 뿐만 아니라 생장의 단계에 따라 싹이 날 때, 몸집을 불릴 때, 열매를 맺을 때에 맞추어 알맞은 색깔의 빛을 공급합니다. 대체로 식물에 효율적인 빛은 자홍색에 가까워 집안에 켜 놓기에는 불편할 수 있습니다. 전문적으로 식물을 재배하는 것이 아니라면 백색의 빛을 공급하는 것으로 충분합니다.

2. 빛의 세기

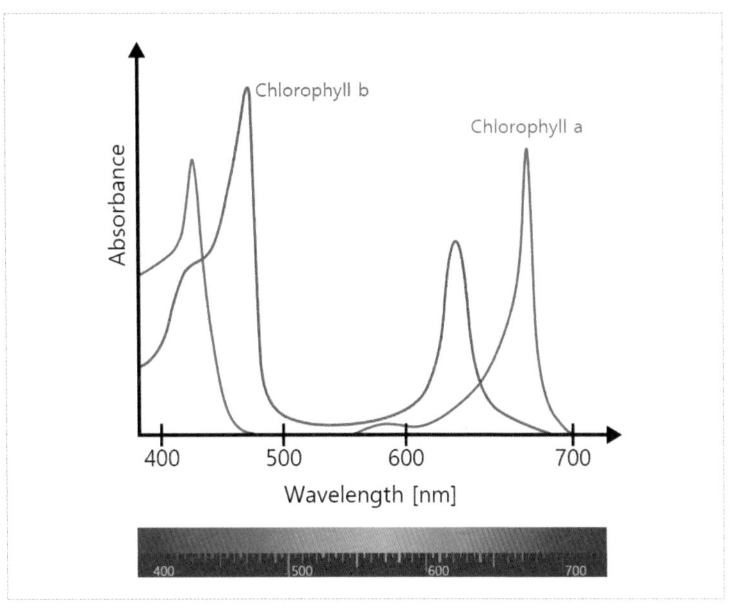

그림 5-12
엽록소a(파란색선)와 엽록소b(빨간색선)의 흡수 스펙트럼. 대체로 파장이 380~480nm인 파란색과 600~680nm인 빨간색의 빛을 흡수한다. 초록색은 거의 사용하지 않고 반사하거나 투과한다. 아래 색깔 있는 막대가 파장에 따른 빛의 색깔을 나타낸다.

녹색 식물은 빛 에너지를 이용하여 광합성을 합니다. 빛을 알갱이라고 생각했을 때, 빛의 양은 그 알갱이의 수를 말합니다. 빛 알갱이가 일정 시간 동안 일정한 면적에 쏟아지는 양이 많으면 빛의 세기가 세다고 표현합니다. 약한 빛이라도 오래 비출수록 빛의 양은 점점 많아집니다. 자연에서는 하루 중 빛의 양이 계절에 따라 변해서 여름에 최대가 되고 겨울에 최소가 됩니다. 식물에 도달하는 빛의 양을 늘리고자 할 때는 반사를 잘 하는 물체를 사용하여 새어 나가는 빛을 반사시킬 수도 있고, 전등을 추가로 사용하거나 전등을 켜 놓는 시간을 늘릴 수도 있습니다.

식물을 키우는 입장에서 빛을 얼마나 공급해야 하는지가 관심의 대상이 될 수밖에 없지만 다루기가 간단한 것은 아닙니다. 빛 알갱이를 광자(또는 광양자; photon)라 하고, 에너지를 가지고 있기에 단위로는 줄(J; joule)을 사용합니다. 에너지를 다룰 때 에너지가 얼마나 센가를 다루기 위해 단위 시간당 에너지인 일률(power)을 사용합니다. 시간의 단위는 초(s; second)니까 단위 시간당 에너지의 단위는 J/s가 되는데, 이를 와트(W; watt)라고 합니다. 전기 기구를 다룰 때에 많이 쓰는 단위이지요. 단위 시간당 소모하는 전기 에너지 또한 일률의 한 종류인데, 전기의 일률은 전력(electric power)이라고 표현하고, 단위는 똑같이 와트를 씁니다.

전력은 사람의 감각 기관으로 감지할 수 있는 것이 아니기 때문에 다루기가 단순합니다만 빛은 사람의 눈으로 감지할 수 있는 것이기 때문에 복잡합니다. 사람의 눈을 기준한 것과 기계적으로[26] 다루는 것은 다르기 때문입니다. 빛이 가진 단위 시간당 에너지를 기계적으로 다룬다면 단위 시간당 내어 놓는 전자기파의 에너지로 다루어서 단위 또한 와트를 사용합니다. 그런데 우리 주변의 조명 기기들은 사람의 눈에 맞추어져 있기 때문에 기계적인 값과 느끼는 값의 차이가 생깁니다. 예를 들어 전기난로는 벌겋게 달아오르면서 많은 양의 적외선[27]을 내지만 가시광선은 적은 양을 내뿜기 때문에 눈으로 보면 그다지 밝아 보이지 않습니다. 적외선은 사람의 눈으로 볼 수 없기 때문입니다. 이와 같은 이유로 조명 기구는 사람의 눈에 맞추어 얼마의 에너지를 내어놓느냐 하는 정도를 따로 표현하는데, 이렇게 사람의 눈에 맞춘 빛의 단위 시간당 에너지를 광속(luminous flux 또는 luminous power)이라 하며 단위는 루멘(lm; lumen)을 씁니다. 조명 기구의 사양을 보면 광속이 몇 루멘이라고 표시된 것을 볼 수 있습니다.

---

26) 원래는 전자기파의 전력(the power of electromagnetic wave)을 말하는 것인데 독자들이 어려워할 것 같아 '기계적'이라는 표현을 썼다. 전자기파의 전력을 깊이 알고 싶으면 전자기학(Electromagnetics)을 다루는 책을 권한다.

27) 적외선은 가시광선에 비해서 파장이 긴 전자기파의 일종이다.

그림 5-13
LED 전구와 사양을 확대한 모습. 광속이 470루멘이고 색온도가 2700K로 전등색을 낸다는 것을 알 수 있다.

그런데 램프에서 나오는 빛과 물체가 받는 빛은 또 다른 이야기입니다. 같은 램프를 사용하더라도 식물이 램프로부터 멀리 떨어져 있다고 한다면 약한 빛을 받게 될 것입니다. 또 식물과 램프 사이의 거리가 같더라도 램프의 모양이 다를 때, 또는 전등에 장착된 반사판의 여부에 따라 식물이 받는 빛의 세기가 달라질 것입니다. 그러므로 램프가 많은 양의 빛을 내 놓는 것이 유리하기는 하지만 최종적으로 중요한 것은 식물이 얼마나 강한 빛을 받느냐 하는 것이며, 이런 양을 다루기 위해 쓰이는 단위가 조도(illuminance)입니다. 조도는 물체의 단위 면적당 비추는 광속의 양으로, 단위는 럭스(lux or lx)를 씁니다. 1lux는 1lm/m^{2}입니다. 실제로 빛의 세기를 측정할 때는 조도계를 물체의 위치에 두고 측정하면 됩니다. 또는 스마트폰에 '조도계'라는 검색어로 앱을 깔아 사용할 수도 있습니다.

그림 5-14
조도계. 물체가 있는 위치에서 받는 빛의 세기를 측정한다. 단위는 럭스(lx)

우리는 흔히 빛의 세기를 럭스(lux 또는 lx)로 표현합니다. 그런데 과학자들은 광합성이 광자가 역할을 하는 과정이고, 광자가 가진 에너지보다는 광자의 수에 더 영향을 받는다는 것을 알게 되었습니다. 그리하여 식물학자들은 광합성에 기여하는 빛의 세기를 조도가 아니라 광합성 광(양)자속 밀도(PPFD; photosysnthesis photon flux density)라는 양을 사용합니다. PPFD는 광합성에 관여하는 400~700nm영역의 광(양)자가 단위 면적당, 단위 시간당 식물의 잎에 도달하는 수를 뜻합니다. 면적의 단위는 제곱미터(m^2)이고 시간의 단위는 초(s; second)를 사용합니다. 빛의 다발에 들어 있는 광자의 수는 개수로 세자면 너무 큰 값을 가지기 때문에 몰(mol)이라는 단위를 사용합니다. 1몰은 아보가드로수(Avogadro constant)만큼의 광자가 있다는 말이며, 6.02×10^{23}이 됩니다. 얼마나 큰 수인가를 보기 위해 풀어서 써 보면 아래와 같습니다.

1mol ≅ 602,000,000,000,000,000,000,000개

PPFD를 측정할 때에는 그냥 몰을 사용하면 너무 작은 수가 나오기 때문에 백만분의 1이 되는 μmol을 사용합니다.

1μmol ≅ 602,000,000,000,000,000개

μmol 단위를 사용해도 역시나 엄청난 개수의 광자가 쏟아진다는 것을 알 수 있습니다. 이러한 단위를 사용하면 PPFD의 단위는 $\mu mol/m^2s$가 됩니다. 때로는 이것을 $\mu mol \cdot m^{-2} \cdot s^{-1}$로 쓰기도 합니다. 몇몇 식물의 PPFD는 다음과 같습니다.

표 5-1
대상별 PPFD값

대상	PPFD[$\mu mol \cdot m^{-2} \cdot s^{-1}$]	조건
집 안에서 키우는 식물	30~200	
잎채소(상추와 바질)	200~600	
토마토와 다른 열매식물	400~1,000	
여름의 맑은 날 태양	2,000	정오
겨울 맑은 날 태양	1,200	정오

우리에게 익숙한 상추를 생각해 봅시다. 광원은 LED를 사용한다 했을 때, 낯선 단위 때문에 감이 잘 잡히지는 않지만 200~600$\mu mol/m^2s$의 빛을 공급하면 되겠다는 것을 알 수 있습니다. 중요한 것은 이 정도의 빛을 어떻게 공급하는가 하는 일일 것입니다. 가장 직관적인 방법은 PPFD 값을 측정할 수 있는 계측기로 PPFD 값을 측정하면서 LED의 양을 조절하는 것입니다. 복잡한 계산도 필요 없고 단순하게 할 수 있는 방법이지만 PPFD 측정기가 비싸다는 문제가 있습니다. 대중화되어 있지 않기 때문에 인터넷 마켓에서 검색해 봐도 잘 나오지 않습니다. 그래서 일반인에게 익숙한 조도를 이용하는 방법으로 접근해야 합니다. 변환 과정을 생략하고 결과부터 말씀드리자면 T5형 주광색 LED를 쓸 때에 최소 약 8,000lx 정도의 조도가 되도록 LED를 설치하면 됩니다. 이에 대한 자세한 설명[28]과 쉽게 계산할 수 있는 엑셀 파일[29]을 저의 블로그에 올려 놓았습니다.

28) "식물 재배를 위한 인공 조명의 설계 - 백색 LED를 중심으로", http://blog.daum.net/st4008/195
29) "주광색 LED 바를 이용한 수경재배용 조명 설계 - 엑셀 계산", http://blog.daum.net/st4008/196

그림 5-15
재배기에 설치한 LED. 15W 5개를 사용하여 하루에 12시간씩 켜 놓는다. 조도는 약 10,000lx가 나온다.

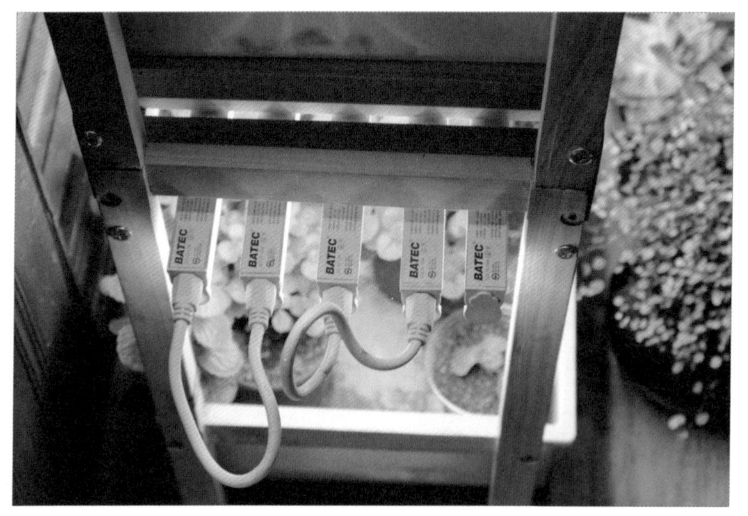

3. 빛의 지속시간

강한 빛이라도 짧은 시간만 비춘다면 식물이 광합성을 하는 데에 충분하지 않을 것입니다. 이 말은 다소 약한 빛이라도 비추어 주는 시간이 길면 약한 빛을 보완해 줄 수 있음을 뜻합니다.

앞서 식물에 필요한 빛의 세기를 광합성 광(양)자속 밀도(PPFD)로 표현함을 보았습니다. 빛의 양은 빛의 세기에 시간을 곱해 주어 얻을 수 있습니다. 식물에게 필요한 빛의 양은 하루 단위로 계산합니다. 이를 표현하기 위해 DLI(daily light integral)라는 값을 사용하는데, 단위 면적에 하루 동안 비춰지는 광자의 총량을 말합니다. 전등을 매일 일정 시간씩 켠다고 했을 때, PPFD에다 하루당 켠 시간만큼을 곱한 값으로 구할 수 있습니다. PPFD가 x[μmol/m^{2}s]이고 하루에 y시간씩 빛을 비추었을 때 DLI는 아래와 같습니다.

$$x\left[\frac{\mu\text{mol}}{\text{m}^2\text{s}}\right] \times \frac{1[\text{mol}]}{1{,}000{,}000[\mu\text{mol}]} \times \frac{3{,}600[\text{s}]}{1[\text{hr}]} \times \frac{y[\text{hr}]}{1[\text{day}]}$$

$$= 0.0036xy[\text{mol/m}^2\text{day}]$$

예를 들어 상추는 DLI 값이 $17 mol/m^2day$로[30] 제시되어 있습니다. 앞에서 잎채소를 키우기 위해 최소 $200 \mu mol/m^2s$의 PPFD 값이 필요하다 했으니 $x=200$이 됩니다. 이를 수식에 대입하면 아래와 같습니다.

$$0.0036 \times 200 \times y = 17$$

$$y = \frac{17}{0.0036 \times 200} = 23.6$$

그러니까 약 24시간 켜 놓아야 합니다. 그러나 하루에 18시간까지는 빛을 공급하는 것이 효과가 크지만 그 이상으로 빛을 공급하는 것은 그다지 효과가 없다고 합니다.[31] 켜는 시간을 줄이고 싶으면 더 강한 빛이 나오는 전등을 사용하거나, 전등의 수를 늘리면 됩니다.

그림 5-16
거실에 있는 재배기. T5형 LED를 한 단에 5개씩 사용했다.

30) 출처: "Growing horticultural crops indoors vs. in a greenhouse", L.D. Albright, May 2011
31) "How-To Hydroponics", Fourth Edition, p.41, p.44, Keith Roberto

광합성만 생각한다면 DLI 값을 일정하게 유지해 주면 되지만 꽃식물의 경우는 빛이 없는 시간에 따라 꽃피는 것이 영향을 받습니다. 그러므로 꽃식물의 경우는 DLI를 먼저 결정한 후 빛의 세기를 맞춰 줘야 합니다. 꽃식물의 개화시기 조절에 대해서는 '광주기(photoperiod)'에 관한 글을 읽어 보시기 바랍니다.

4. LED 등기구

등기구(燈器具, light fixture)란 램프를 구동하고 고정하는 장치를 말합니다. 일반적으로 형광등은 등기구가 천장에 부착되어 있고 형광등을 갈아 끼울 수 있게 되어 있습니다.

우리가 흔히 사용하는 'LED' 또는 'LED 등(LED lamp)'은 실제로는 LED 등기구를 말할 때가 많습니다. 엄밀한 정의는 아니지만 생활에서 사용할 정도로 각각을 쉽게 설명하자면 'LED' 또는 'LED 소자'는 전자 부품을 말하며 'LED 램프'는 LED를 전기적으로 연결하여 전지나 전원 장치로 켤 수 있는 것을 말하고, 'LED 등기구'는 직류 전원 장치까지 내장되어 가정용 전원에 연결하여 사용하는 것을 말합니다. 'LED 소자', 'LED 램프', 'LED 등기구'와 같이 사용하는 것이 정확한 표현이지만 보통은 그냥 'LED'라 부르며, 이 책에서도 그렇게 표현하겠습니다.

그림 5-17
T5형 LED 등기구. 회로가 포함되어 있어 220V에 꽂기만 하면 된다. 클립과 나사 등도 포함되어 있기 때문에 설치가 쉽다.

재배기에 사용한 LED를 자세히 보면 LED에 관련된 여러 가지 내용이 적혀 있습니다. 중요한 것 위주로 알아보도록 하겠습니다.

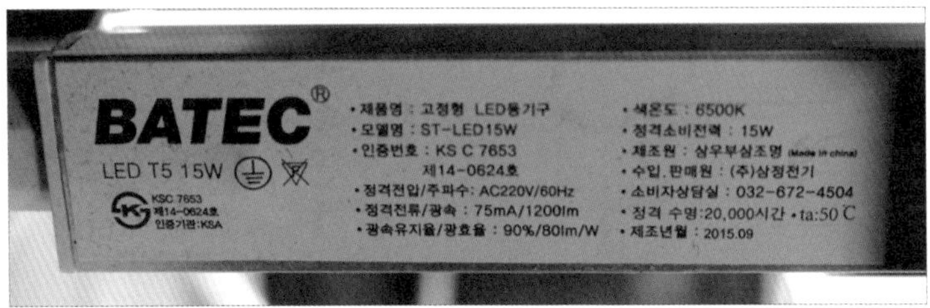

그림 5-18
재배기에 사용하고 있는 LED. 여러 가지 내용이 적혀 있다.

❖ T5

막대형 LED 램프의 두께를 나타내는 값입니다. 'T'는 두께를 뜻하는 'thickness'의 머리글자입니다. 막대형 LED에서 플라스틱으로 싸여 빛을 내는 부분은 대체로 반원기둥 모양이며, 그렇기 때문에 크기를 직경과 길이로 나타냅니다. 8인치를 기준으로 하여 T5는 5/8인치, T12는 12/8인치가 됩니다. 우리에게 익숙한 국제 표준 단위(SI)로 환산하면 T5의 경우 5/8인치이고, 1인치가 25.4밀리미터이니까 5/8×25.4 = 15.9mm가 나옵니다. 즉, 빛이 나오는 플라스틱의 직경이 약 16mm인 것을 T5라 부릅니다.

❖ 정격 수명

정상적으로 사용했을 때 LED의 수명을 말합니다. 형광등 등기구에서는 형광등의 수명이 다하면 갈아 끼울 수 있어 전체적인 수명은 등보다는 등기구가 결정합니다. 그림 5-18의 LED는 등기구와 램프가 일체식으로 되어 있어 LED 램프를 교환할 수 없는 구조입니다. 그래서 등기구나 램프 둘 중 하나가 고장 나면 제품 전체를 교체해야 합니다. LED 등기구의 수명은 대체로 2만 시간 정도 됩니다.

❖ 광속

광속(光束) 또는 광선속(光線束)은 LED에서 나오는 단위 시간당 빛의 양을 말합니다. 빛의 양이라고 했지만 좀 더 정확히 말하자면 사람의 눈의 특징을 반영한 빛의 에너지를 말합니다. 즉, 가시광선 중에서도 눈이 민감한 정도에 가중치를 주어서 계산한 값입니다. 단위는 루멘(lm; lumen)을 사용합니다. 100W 백열등이 약 1,750lm이고, 18W 형광등이 약 1,250lm입니다.

❖ 광속 유지율

LED를 계속 사용하다 보면 빛이 약해집니다. 처음의 강한 빛에 비해 약해졌을 때의 빛을 광속의 비율로 표현한 것이 광속 유지율입니다. 광속 유지율이 90%라는 말은 많이 사용해서 빛이 약해지더라도 처음 밝기의 90%는 유지한다는 뜻입니다. 값이 높을수록 좋습니다.

❖ 광효율

LED에 전력을 공급한 것에 비해 빛이 얼마나 나오는가 하는 정도입니다. 이 값이 높을수록 같은 빛을 내는 데에 전기를 적게 사용합니다. 100~200W의 백열등은 광효율이 약 13.8~15.2lm/W 정도이며 T5형 LED는 70~100lm/W의 광효율이 나옵니다.

❖ 색온도

LED의 불빛 색깔을 말합니다. 빛의 색은 온도에 따라 달라지는데, 촛불처럼 온도가 낮은 것은 붉은색을 띠지만 집에서 쓰는 가스레인지는 불꽃의 온도가 아주 높아 푸른빛이 납니다. 보통의 LED는 '주광색'과 '전등색'으로 표시하여 판매합니다. 주광색은 태양빛에 가까운 빛을 내고 전등색은 옛날 백열등과 같은 불그스름한 색을 냅니다.

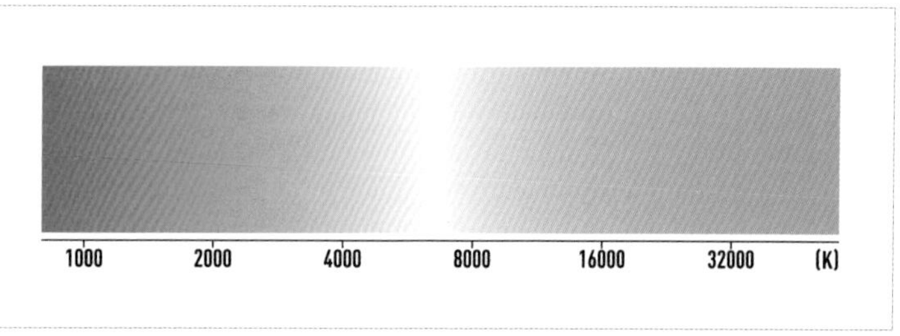

그림 5-19
색온도는 물질을 가열했을 때 온도에 따라 나오는 빛의 색깔이다. 온도가 낮을 때는 붉은색이, 온도가 높을 때는 푸른색이 나온다. 6500K가 백색에 가깝다.

❖ 정격 소비 전력

정상적으로 사용했을 때 LED 등기구 전체가 소비하는 전력을 말합니다. 이 중 일부는 열 에너지로 공기 중으로 날아가고 나머지가 빛에너지로 바뀝니다. 그러므로 같은 정격 소비 전력을 가진 LED일지라도 광효율이 좋으면 더 밝습니다.

빛이 부족하면 식물은 가늘고 약하게 자랍니다. 동물로 치자면 굶어서 야위는 것과 같습니다. 식물이 건강하게 자라도록 돕기 위해 충분한 빛을 공급해야 합니다.

Tip

식물 재배용 LED가 탁월하다?

식물 재배용 LED를 쓴다고 해서 식물이 월등히 잘 자라는 것은 아닙니다. 식물재배용 LED는 한마디로 전기를 적게 쓰는 LED입니다. 식물재배용 LED는 Red, Green, Blue의 비율을 다양하게 맞추어서 생산되는데, 결국 백색광을 충분히 강하게 비추어 주면 모자람 없이 빛이 공급됩니다. 다만 백색광에는 식물이 별로 사용하지 않는 색의 빛이 있기 때문에 전기 효율만 보자면 식물용 LED가 더 나을 수 있지만, 식물용 LED는 생산량이 많지 않기 때문에 아직은 값이 비싼 편입니다.

환경 제어와 자동화

텃밭 활동을 하다 보면 일주일에 두 번 정도 밭에 가 보아야 하는 점이 힘듭니다. 밭이 집에서 가까운 거리에 있는 것도 아니라서 오고가는 시간과 풀 뽑고 물 주는 시간을 합치면 족히 3시간을 써야 하니 직장인에게는 상당히 부담되는 일입니다. 수경재배를 이용하여 식물을 집에서 키운다면 그보다는 훨씬 시간이 적게 들지만, 식물의 수가 많아지면 아무래도 돌보는 시간이 늘어나게 됩니다. 또 며칠씩 돌보지 못하는 일이 생기는 수도 있습니다. 이럴 때에는 내가 없더라도 자동으로 식물을 돌보는 방법이 있었으면 좋겠다는 생각이 듭니다.

자동화하는 방법이 여러 가지 있겠지만 초보자는 우선 손으로 키우면서 세심하게 관찰하고 경험을 쌓는 것이 중요하다고 생각합니다. 그 이후에 기르는 식물이 많아졌을 때 자동화를 고려하는 것이 좋습니다. 돈이 많이 들고 어려운 것은 다음 기회로 미루고 이 책에서는 초보자가 적용할 만한 것들을 소개합니다.

1. 수위계 만들기

배지 없이 양액으로만 키우는 방식[32]에서는 식물의 뿌리를 담아 기르는 용기가 있고, 방식에 따라 양액저장조가 추가되기도 합니다. 재배용기와 양액저장조에 담겨진 양액의 양을 확인할 때 수위를 쉽게 확인하는 수단이 없다면 번거롭게 뚜껑을 열고 확인해야 합니다. 이러한 문제를 해결하기 위해 간이 수위계를 만드는 방법을 소개합니다.

32) 비고형 배지경(非固形培地耕, solution culture) 또는 순수 수경(純粹水耕)이라고 한다.

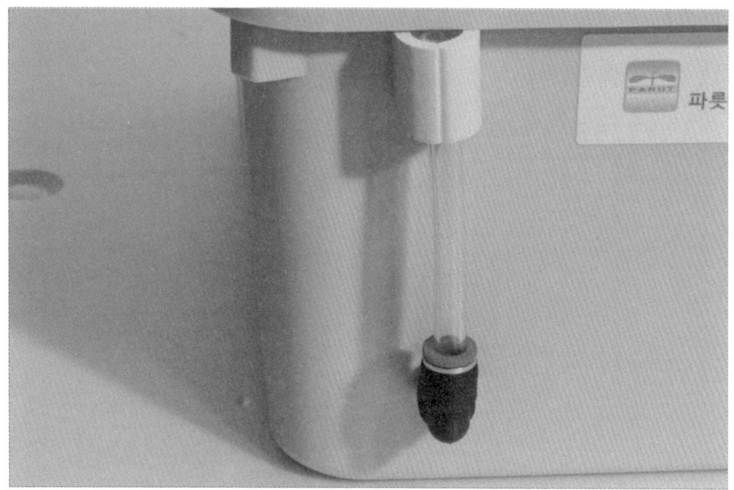

그림 5-20
세 가지 부품으로 간단히 수위계를 만들 수 있다.

그림 5-20의 수위계는 원터치 피팅, 투명 폴리우레탄 호스, 전선 정리 클립으로 구성되어 있습니다.

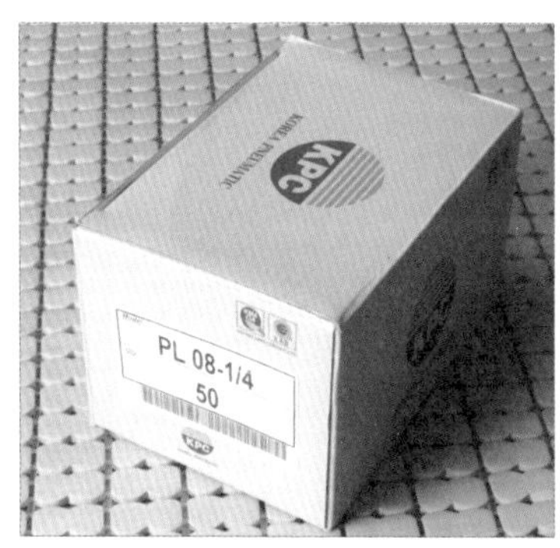

그림 5-21
원터치 피팅 포장 박스. 규격이 PL 08-1/4, 수량이 50개로 표기되어 있다.

그림 5-22
PL형인 원터치 피팅. 용기에 호스를 연결하고 싶을 때 사용한다. 고정하려는 용기에 구멍을 내고 나사 부분을 돌려 끼운 다음 파란색이 있는 부분에 호스를 꽂는다.

그림 5-21은 원터치 피팅이 포장된 박스입니다. 겉에 PL 08-1/4라고 적혀 있습니다. PL은 나사가 달려 있고 ㄱ자로 꺾인 것을 뜻합니다. 08은 여기에 꽂는 호스의 외경이 8mm라는 의미이며 1/4은 나사의 반지름을 인치로 나타낸 것입니다. mm단위로 고치면 1/4[inch]×25.4[mm/inch]=6.35[mm]가 됩니다. 그러니까 양액을 담을 용기에 직경이 약 12.7mm인 구멍을 뚫고 원터치 피팅의 나사 부분을 박으면 된다는 말입니다.

원터치 피팅이 고정되고 나면 투명한 호스를 꽂습니다. 원터치 피팅의 규격에 맞는 투명한 호스를 파란색 부분에 밀어 넣으면 약간의 저항이 있다가 약 5~10mm 정도 쑥 들어갑니다. 호스를 뺄 때는 그냥 잡아당겨선 안 되고, 파란색 부품을 누른 채로 빼야 합니다. 사용 중에 호스가 빠지는 일을 방지하려고 만든 장치입니다.

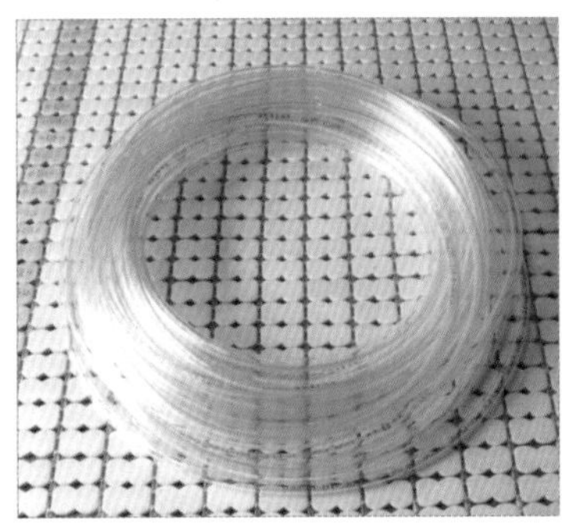

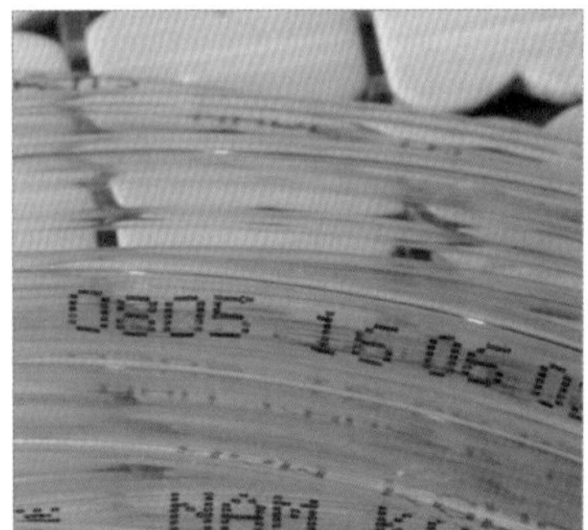

그림 5-23
우레탄 투명 호스. 몇 가지 색깔로 판매되고 있다.

그림 5-24
우레탄 호스에 적혀 있는 규격. 0805는 외경이 8mm이고 내경이 5mm임을 뜻한다.

그림 5-23은 우레탄 투명 호스입니다. 인터넷에서 보통 1m 단위로 판매하고 있습니다. 그림 5-24는 호스 표면에 적혀 있는 규격으로, '0805'라고 적힌 것은 외경이 8mm, 내경이 5mm임을 뜻합니다. 원터치 피팅의 규격과 호스의 외경이 일치하면 됩니다. 수위계를 만들기 위해 필요한 길이로 호스를 잘라서 원터치 피팅에 꽂습니다. 우레탄 호스는 아주 질겨서 날카롭고 튼튼한 가위나 칼로 잘라야 합니다. 기능상으로는 호스만 꽂아 놓으면 되지만 왠지 미적으로 부족한 느낌이 들어 호스 위쪽을 고정하면서도 보기가 좋은 부품을 하나 더 사용했습니다.

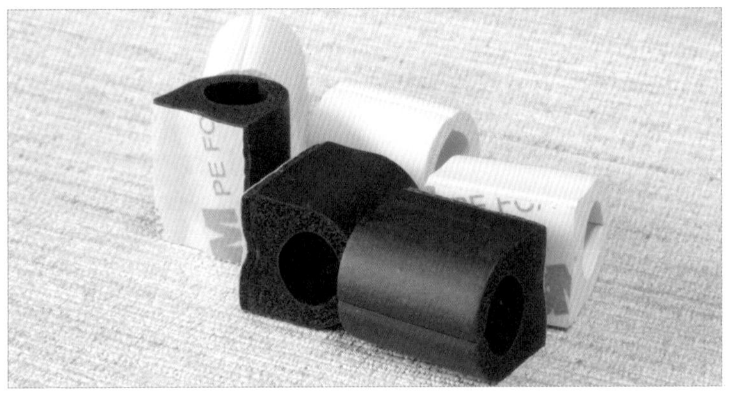

그림 5-25
전선을 고정하는 제품. 이것으로 호스를 고정해 보자.

호스 끝을 고정하기 위해서 그림 5-25와 같이 전선을 고정하는 제품을 사용하기로 했습니다. 부착하는 쪽에 양면테이프가 미리 만들어져 있어 사용하기 편리합니다. 호스를 고정할 곳의 용기 표면을 깨끗이 닦고 양면테이프를 벗겨 부착하면 됩니다. 새로 산 플라스틱은 겉보기엔 깨끗해 보여도 만드는 과정에서 표면에 묻은 미끈한 물질이 있으니 이를 잘 닦고 나서 붙이기 바랍니다.

2. 콘센트 타이머

콘센트 타이머는 시간을 정해서 ON/OFF를 조작할 수 있는 도구입니다. 비싼 타이머는 전자 회로가 들어가는 것도 있지만, 수경재배에 사용하기에는 아날로그로도 충분합니다.

그림 5-26
콘센트 타이머. 테두리의 조각을 누름으로써 간단하게 시간을 조절할 수 있다.

그림 5-26은 시중에서 쉽게 구할 수 있는 콘센트 타이머입니다. 반대편에 콘센트에 꽂을 수 있는 플러그가 있습니다. 그리고 전기를 사용할 기구의 플러그를 그림의 빨간 구멍에 끼우면 연결이 완료됩니다. 콘센트 타이머를 콘센트나 멀티탭에 꽂으면 안에서 기계가 돌면서 그림에서 숫자가 적힌 링과 파란색 조각으로 된 링이 함께 천천히 시

계 방향으로 돌게 됩니다. 이 링은 작은 조각들로 구성되어 있는데, 조각은 누르거나 밀 수 있게 되어 있고, 스위치를 누른 것과 같은 작용을 합니다. 그렇다고 바로 작동하는 것은 아니고 빨간색 삼각형에 다다랐을 때 작은 조각이 ON이냐 OFF냐에 따라 전원이 공급되거나 차단됩니다. 링 안쪽의 숫자들은 시간을 나타냅니다. 해당 시간에 빨간 삼각형 위치의 조각이 ON되어 있으면 전기가 공급되고, OFF되어 있으면 전기가 차단되는 방식입니다. 그림에서는 한 시간 동안 4개의 조각이 있기 때문에 한 조각이 15분을 맡게 됩니다.

그림 5-27
사용 중인 콘센트 타이머. 오전 6시부터 오후 6시까지 켜지도록 했다.

그림 5-28
콘센트 타이머에 있는 전환 스위치. 시계 모양을 선택하면 타이머로 작동하고, ON을 선택하면 타이머 설정과 관계없이 켜진다.

그림 5-27은 LED를 켜는 데 콘센트 타이머를 사용하는 실례를 보여줍니다. 그림 5-28을 보면 오른쪽에 노란색 슬라이드 스위치가 있는데, 이 스위치에는 시계 모양과 ON이 표시되어 있습니다. 시계 모양을 선택하면 타이머가 작동하고, ON을 선택하면 타이머 설정과 관계없이 스위치가 ON이 됩니다.

콘센트 타이머는 LED나 펌프를 주기적으로 작동시킬 때 편리하게 사용할 수 있습니다.

3. 압력을 이용한 수위 유지 장치

수경재배에서 가장 간단한 구조는 양액의 순환 없이 충분한 양의 양액에 식물의 뿌리를 담가놓고 기르는 DWC(deep water culture)방식입니다. 구조가 간단하기 때문에 편리한 방식이지만, 무성한 나팔

꽃이나 고구마를 기르고 있다고 한다면 그림 5-29와 같은 크기의 용기에서는 하루에 약 5cm 이상의 양액이 줄어들어 매일 양액을 보충해야 합니다. 방에서 몇 개 관리하는 경우라면 모를까, 키우는 수가 많아지면 상당히 번거롭습니다. 또 며칠씩 집을 떠나 있어야 한다면 뭔가 대책을 세워야만 할 것입니다. 이럴 경우 편리하게 사용할 수 있는 방법이 바로 생수통을 사용하는 냉온수기에 적용된 원리를 이용한 간이 수위 유지 장치입니다.

그림 5-29
용기에 담그는 방식으로 키우는 나팔꽃. 만약 이러한 것이 수십 개 늘어서 있으면 양액 주는 일이 피곤해질 수 있다.

그림 5-30
냉온수기에 꽂아서 사용하는 생수통. 자연의 법칙을 이용하여 간단하게 수위 조절을 할 수 있다.

우선 원리를 좀 공부하고 응용을 생각해 보도록 하겠습니다.

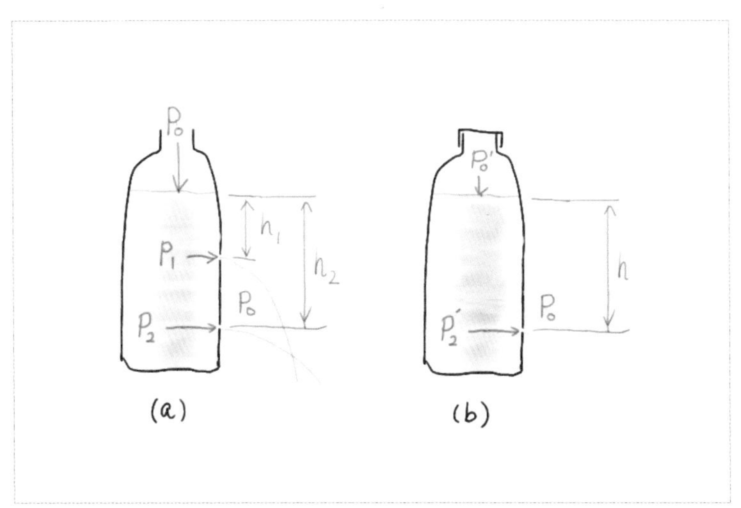

그림 5-31
병에서 나오는 물줄기. 뚜껑을 열었을 때와 닫았을 때 달라진다.

그림 5-31은 병에 구멍을 뚫고 물을 넣었을 때 일어나는 현상입니다. (a)와 같이 뚜껑을 열어 놓았을 때는 병에 뚫린 구멍으로 물이 새어 나옵니다. 이때 병의 아래쪽에서 물이 더 세차게 나오는 것을 알 수 있습니다. 물체가 움직이는 것은 힘이 작용하기 때문입니다. 나무 조각 같은 고체에서는 힘 그대로 사용하는 것이 편리하지만 공기나 물과 같은 유체[33]는 정해진 모양이 없기 때문에 힘을 그대로 사용하는 것보다는 단위 면적당 힘인 압력을 사용하는 것이 편리합니다. 그리고 유체 내의 한 점에서의 압력은 모든 방향으로 작용하는 성질이 있습니다. 그래서 중력이 아래로 작용하더라도 물은 옆으로 뿜어져 나오는 것입니다. 다음으로 알아야 할 것이 어떤 깊이에서 유체의 압력입니다. 결론만 말하자면 밀도 ρ[kg/m^3], 중력가속도 g[m/s^2], 깊이 h[m]인 유체에서 깊이 h인 곳의 유체만에 의한 압력 P는 ρgh[N/m^2]가 됩니다. 그러면 그림 5-31(a)에서 깊이 h_1에서의 압력은 $P_1=P_0+\rho gh_1$이 됩니다. 여기서 P_0는 대기압을 나타냅니다. 그러니까 깊이 h_1인 곳의 물의 압력은 물 위에서 누르는 대기압과 물기둥에 의한 압력의 합으로 나타납니다. 병의 측면에 뚫린 구멍에는 병 안에서의 압력 $P_1=P_0+\rho gh_1$과 병 밖의 압력 P_0가 힘겨루기를 합니다. 그런데, 병 안의 압력이 ρgh_1만큼 크니까 물이 밖으로 밀고 나옵니다. 깊이가 h_2인 곳에서는 $h_2 > h_1$이니까 압력차가 더 커져서 물줄기가 더 세게 나옵니다. 쉽게 말해 병뚜껑이 열린 상태라면 병의 안팎으로 똑같이 대기압이 작용하는데, 병 안의 물에는 물 자체가 누르는 힘이 더해져서 구멍으로 밀려 나오는 것입니다. 또한 물의 깊이가 깊을수록 위에서 더 많은 물이 누르기 때문에 더 강하게 밀려 나옵니다.

이제 (b)와 같이 뚜껑을 닫아 밀폐된 경우를 살펴보겠습니다. 물을 넣고 뚜껑을 닫으면 처음 얼마간은 물이 나오다가 이내 멎어 버리고 맙니다. 구멍에서 압력차가 없어졌기 때문입니다. 병 내부의 압력은 $P'_2=P'_0+\rho gh$이고, 병 밖의 압력은 P_0입니다. 이 두 압력이 같으니까 $P'_0+\rho gh=P_0$가 됩니다. 여기서 병 속 공기의 압력 P'_0이 바깥의 대기압보다 ρgh만큼 작다는 것을 알 수 있습니다. 실제로 얇은 병을 사용하면 병이 찌그러져 들어가는 것으로 병 속 공기의 압력이 낮다는 것을 확인할 수 있습니다. 이와 같이 병 속 공기를 가두어 놓았을 때는 물이 있는 곳에 구멍을 뚫어 놓아도 물이 나오지 않습니다.

---

33) 액체나 기체같이 흐르는 물질.

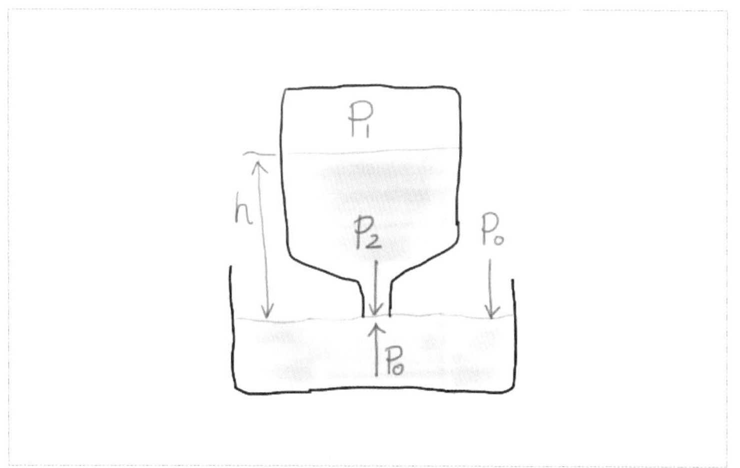

그림 5-32
생수통 정수기에서 수위를 유지하는 원리. 공기와 물의 압력차를 이용하기 때문에 에너지가 필요없다.

그림 5-32는 생수통을 이용한 냉온수기에서 수위를 일정하게 유지하는 원리를 보여 줍니다. 거꾸로 된 생수통의 입구에서 압력이 균형을 이루고 있습니다. 즉 $P_2=P_1+\rho gh=P_0$가 됩니다. 수위가 줄어들면 통의 입구가 공기 중에 뜨게 되어 생수통 속으로 공기가 들어가면서 생수통 속의 물이 빠져나와 아래쪽 수위가 높아지게 되고, 수위가 높아져서 생수통 입구를 막으면 다시 압력의 평형을 이루게 됩니다.

그림 5-33
2015년 서울시 노원구 청구3차 APT 지하에서 '지하 공간을 활용한 수경재배 과정'을 진행했을 때 만든 자동 양액 공급 장치. 양액을 다 쓰게 되면 통이 높게 되어 쉽게 알 수 있다.

그림 5-33은 지하에 설치했던 재배기의 양액 공급 장치입니다. 오른쪽의 각 재배용기와 양액 공급 장치는 호스로 연결되어 있어 수위가 같이 움직이게 되어 있습니다. 양액이 사용됨에 따라 재배용기의 양액 수위가 내려가면 왼쪽 자동 공급 장치의 양액 수위도 내려가게 됩니다. 그러면 위에서 설명한 대로 통 속의 양액이 흘러나와 재배용기에 양액을 공급하게 됩니다. 그림에서는 뒤집은 통을 플라스틱 화분에 올려놓아 고정했습니다. 화분 아래에는 구멍이 뚫려 있기 때문에 흘러나온 양액이 빠져나갈 수 있고, 양액 통의 양액을 다 쓰게 되면 통이 쓰러지게 되어 양액을 다 썼음을 쉽게 알 수 있습니다.

4. 볼탭을 이용한 수위 유지 장치

그림 5-34
수위를 일정하게 유지하는 데 이용되는 볼탭. 화장실의 양변기에도 볼탭이 쓰인다.

그림 5-34는 수위 유지에 볼탭을 사용하는 모습을 보여 줍니다. 오른쪽의 용기 벽에 부착된 밸브가 있고, 밸브를 여닫는 막대 끝에 물에 잘 뜨는 플라스틱 통이 있습니다. 플라스틱 통이 올라가면 밸브가 잠기고 플라스틱 통이 내려가면 밸브가 열리도록 되어 있습니다. 그러니까 수위가 내려가면 밸브가 열려서 외부로부터 물이 들어오고 수위가 일정 이상으로 올라가면 밸브가 잠겨서 물이 들어오지 못합니다. 이런 원리로 수위를 일정하게 유지합니다.

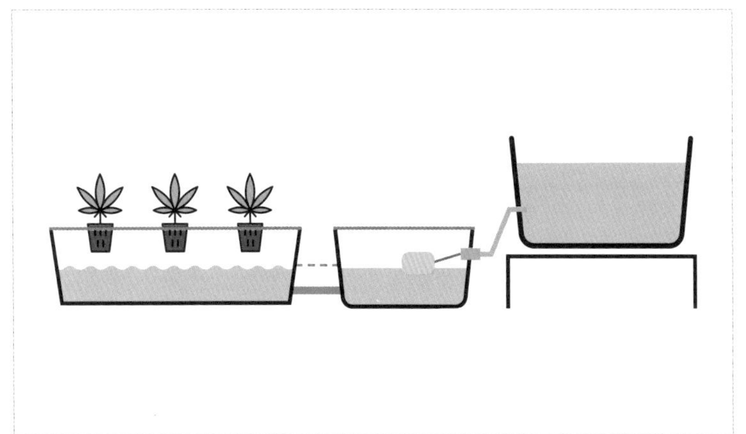

그림 5-35
볼탭을 이용한 수위 유지의 예. 붉은 점선에 맞추어 좌우의 수위가 같게 유지된다.

그림 5-35은 볼탭을 이용하여 양액의 수위를 일정하게 유지하는 적용 예를 보여 줍니다. 이 방법은 오른쪽에서 가운데의 수위 유지 장치로 들어오는 양액의 수압이 어느 정도 되어야 하므로 오른쪽 양액 저장조를 재배용기보다 높은 곳에 설치해야 합니다.

5. 모세관 현상을 이용한 빗물 처리

일반적인 화분으로 식물을 키울 때 보통 겉흙이 마르면 물을 흠뻑 주라고 하는 경우가 많습니다. 이렇게 키우는 화분에는 물받침이 있어 화분에서 흘러나오는 물이 바닥으로 흐르지 않게 막아 줍니다. 반면 버미큘라이트나 펄라이트와 같은 인공 토양을 사용하여 수경재배법으로 식물을 키울 때에는 인공 토양에 외부의 공기가 쉽게 들어와 채우게 되기 때문에 용기 바닥에 구멍을 뚫지 않고 기르는 경우도 있습니다. 실내에서는 이렇게 키우는 것이 문제가 되지 않는데 실외에서는 문제가 됩니다. 비가 오게 되면 용기에 넘치도록 빗물이 가득찬 상태로 있게 됩니다. 제아무리 산소 공급이 좋은 인공 토양이라도 물에 푹 잠겨 있으면 뿌리에 산소를 공급하기가 어려워집니다. 비가 쏟아지는 동안에는 어쩔 수 없지만 비가 그친 후에는 용기에 가득찬 빗물을 빼내어 줄 필요가 있습니다. 그렇지만 용기를 기울여 빗물을 따라내기도 곤란하고 컵으로 퍼내는 것도 답답합니다. 실제로 퍼내다 보면 물의 움직임 때문에 인공 토양이 떠오르게 되어 물만 빼내기가 어렵습니다. 이럴 때 유용하게 사용할 수 있는 방법이 있습니다.
그림 5-36을 보면 용기에 가득찬 물에 무언가 걸쳐 둔 것을 볼 수 있습니다. 걸쳐 두는 것으로는 물을 잘 빨아들이고 질긴 것이 좋습니다.

그림 5-36
모세관 현상을 이용한 물빼기

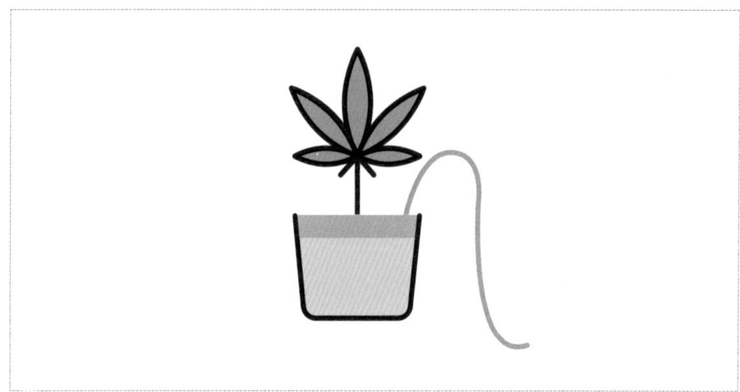

경험상 키친타월이나 물수건이 편리하게 사용할 수 있었습니다. 그림과 같이 걸쳐 두면 토양의 유실 없이 고여 있던 물을 쉽게 빼낼 수 있습니다. 걸쳐 두기만 하고 다른 일을 하고 있다 보면 어느새 물이 빠져나가 있습니다.
이 현상을 역으로 이용하여 오랜 기간 집을 비울 때 실내에 있는 식물에 양액을 공급할 수 있습니다. 그릇에 양액을 담아 두고 식물이 있는 화분 사이에 키친타월을 걸쳐 두면 물기가 많은 곳에서 적은 곳으로 양액이 이동합니다. 즉, 용기 속의 토양이 말라 가면 담아 둔 용기 속의 양액이 키친타월을 타고 가서 토양에 양액을 공급합니다. 이 방법은 실내에서는 괜찮지만 여름철 옥상과 같은 곳에서는 잘 되지 않습니다. 뙤약볕이 내리쬐면 키친타월을 타고 가는 양액의 속도보다 태양에 의해 마르는 속도가 더 빨라서 금방 키친타월이 딱딱하게 말라 버립니다. 뙤약볕이 비치는 곳에서는 속이 넉넉하고 잘 휘어지는 호스를 조금 잘라 그 속에 키친타월을 넣고 걸쳐 두면 키친타월이 잘 마르지 않습니다.

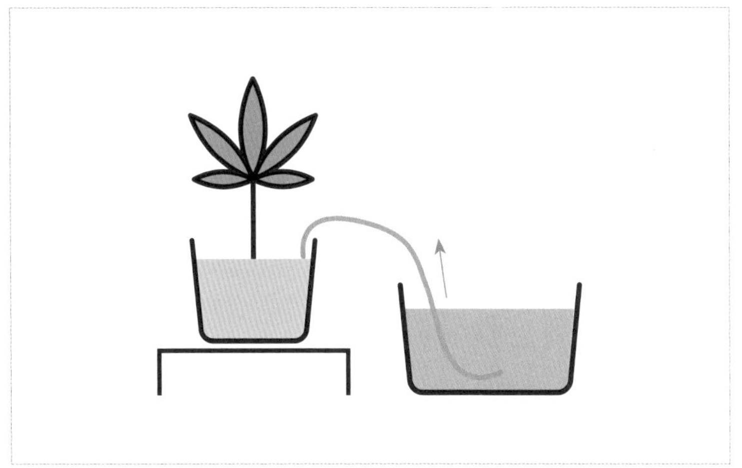

그림 5-37
오랜 기간 집을 비울 때 양액을 공급하는 임시 방법. 양액을 공급하는 용기의 양액 수위가 화분 바닥보다 너무 높지 않아야 한다.

지금까지 간단한 자동화 기술들을 살펴보았습니다. 처음부터 자동화에 너무 신경을 쓰기보다는 식물을 키우면서 불편한 점이 생길 때 한 가지씩 적용해 보시기를 권합니다. 필요에 따라 궁리하면서 적용하는 과정에서 원리를 알고 실용적인 방법을 터득하게 될 것이라 생각합니다. 새로운 운동을 시작할 때도 처음부터 온갖 값비싼 장비를 사면 장비에 묻혀 정작 운동에 신경을 못 쓰는 것과 비슷하다고 할 수 있겠습니다.

참고문헌

- 「HOW-TO HYDROPONICS」 fourth edtion, Keith Roberto, 2003, The Futuregarden Press
- 「일반식물학」 제 2판, 2008년, 강원희 외 공역, 월드사이언스
- 「양액재배의 모든 것」 2013년, 남상용, 소창호, 조광현 공역, RGB Press
- 「Growing horticultural crops indoors vs. in a greenhouse」 L.D. Albright, May 2011
- 「텃밭 가꾸기 대백과」 2016년, 조두진 지음, 푸른지식
- 「도시농업 재배작물 해충생태와 방제 도감」 2016, 농촌진흥청 국립농업과학원
- 「초보자를 위한 텃밭 매뉴얼」 2012년, 농촌진흥청 국립과학원
- 「텃밭에서 식탁까지」 2015, 에코11
- 「우리집채소밭」 2013, 이토 류조 지음, 이용택 옮김, 미호
- 「수경재배」 표준영농교본-71(개정판), 농촌진흥청, 2004
- 「정원의 발견」 2016, 오경아 지음, 궁리출판
- 「Growing Plants Without Soil」 1970, Wade W. McCall and Yukio Nakagawa, Cooperative Extension Service, University of Hawaii
- 「Hydroponics Basics」 2004, George F. Van Pattern, Van Pattern Publishing
- 「Hobby Hydroponics」 2nd Edition, 2013, Howard M. Resh, CRC Press
- 「알기 쉽게 배우는 도시텃밭 가꾸기」 2015, 서울특별시 발행, 시드컴퍼니 제작

도움 받은 곳

- "Plant Nutrition", Plant Nutrition - Biology Encyclopedia - cells, body, function, cycle, life, membrane, water, molecules, http://www.biologyreference.com/Ph-Po/Plant-Nutrition.html
- 대한화학회, http://new.kcsnet.or.kr
- "한반도의 생물다양성", 환경부 국립생물자원관, https://species.nibr.go.kr/index.do
- 국가생물종지식정보시스템, www.nature.go.kr
- 한국콘크리트학회(KCI), http://www.kci.or.kr
- Hydroponics Glossary, https://growershouse.com/glossary
- (사)한국원예학회, http://www.horticulture.or.kr:8080/
- 파릇한 수경재배, http://blog.daum.net/st4008
- 농촌진흥청 농업과학도서관, http://lib.rda.go.kr/main.do
- 병충해 관리, https://dengarden.com/gardening/garden-pests/
- 농사로, http://www.nongsaro.go.kr/portal/
- 국가생명연구자원통합정보시스템, http://www.kobis.re.kr/
- BRIC 생물종, http://www.ibric.org/species/
- 국가농작물병해충 관리시스템(NCPMS), http://ncpms.rda.go.kr/npms/Main.np
- INSECT IMAGES, https://www.insectimages.org/index.cfm
- 동물사진 포토앨범, http://animal.memozee.com/?lang=kr
- "Understanding Watts Lumens Lux PAR", E.A.T. With Ecological Agricultural Technologies http://organicsoiltechnology.com/understandinglumens-lux-watts-par.html
- "Arizona Master Gardening Manual", Cooperative Extension, College of Agriculture, The University of Arizona, http://cals.arizona.edu/pubs/garden/mg/index.html
- "Environmental Factors That Affect Plant Growth", MG Manual Reference Ch. 1, pp. 30-33, http://cals.arizona.edu/pubs/garden/mg/botany/environmental.html
- 세종종묘 http://www.sejongseed.co.kr/index.html
- 권농종묘 http://www.kwonnong.co.kr/renew/main.php
- 스마트팜의 유기농 인증 https://m.blog.naver.com/businessinsight/221322273162

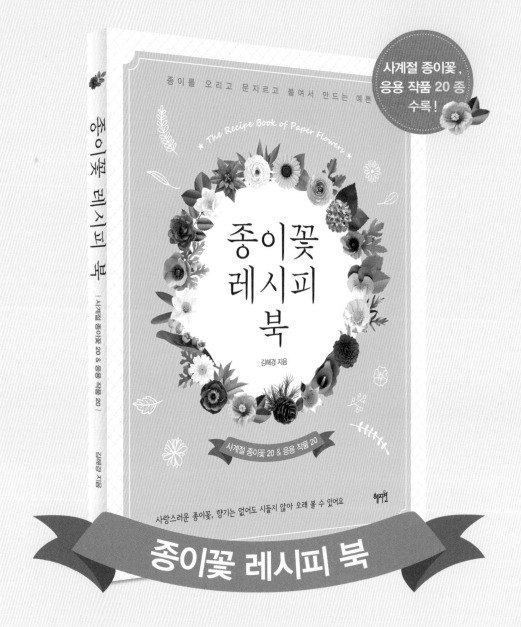